南九州大学創立50周年記念
環境園芸学部論集

自然をみつめて

南九州大学環境園芸学部 編

発刊にあたって

環境園芸学部長・教授

山口　健一

　南九州大学は、平成29年（2017年）創立50周年を迎えた。昭和42年（1967年）宮崎県の高鍋・ひばりが丘の地に、園芸学科と造園学科からなる園芸学部の単科大学として設置され、この50年の歴史は現在の環境園芸学部の足跡ともいえる。この間、教育研究に携わった大勢の教職員の弛まぬ努力と熱意によって、9500余人の卒業生を輩出し、その多くが専門職業人として社会で活躍している。

　平成21年度（2009年度）には、教育を取り巻く社会の情勢変化とニーズに対応して、当時の園芸学部（園芸学科）と環境造園学部（造園学科・地域環境学科）を改組・統合し、環境園芸学部として都城キャンパスで再スタートしている。現在、「園芸学」「造園学」「自然環境」を教学の3本柱に据え、高鍋で培った特色ある高等教育機関の伝統を受け継ぎつつ、都城の地に根ざした新たな教育研究の展開を図っている。南九州大学では、教育研究の理念として、「食・緑・人に関する基礎的、応用的研究」を掲げているが、環境園芸学部ではまさに「緑」すなわち環境をベースとして、「食」（植物の生産）及び「人」（緑空間の創造）に関わる研究を行っている。

　環境園芸学部は農学系に属するが、自然と人のつながりを基盤とした学問の場である。人は社会の中で自然の恵みを享受し、自然と共生しながら日々の生活を営んでいる。しかし、近年では、発展途上国や新興国の人口増加に伴う食料・資源問題、地球の温暖化に起因する異常気象や環境変化、新たな疾病の出現など、大きな問題に直面している。このような課題を解決するには、植物や動物、微生物や土壌、あるいは里山や河川・海

4

洋、大気など、身近にある自然や地球規模での自然の仕組みに目を向け、社会の成り立ちや自然現象を科学的に理解することが必要である。環境園芸学部では、人と決して切り離すことができない自然環境との繋がりの中で、園芸と造園に関する教育研究を通じ、調和を保つ持続的な社会の構築を目指している。

　また、農学系学部の特徴としては、教育研究の場に必ずフィールドが広がっていることが挙げられる。環境園芸学部でも、キャンパス内に附属フィールドセンターを有し、専門知識に加えて実践力を養う場となっている。さらに、豊かな自然と温和な気候に恵まれた南九州の環境そのものが研究活動の場といえる。本学部には、新しい植物を作り出したい、無農薬で作物を栽培したい、人を癒すユニバーサル空間を設計したいといった強い目的意識を持った学生たちが全国から集っている。大学のミッションは、教育、研究、社会貢献といわれるが、環境園芸学部では、理論に基づいた実学を修得し、さまざまな課題を解決し得る実践知を養う教育研究を目指している。

　本誌「自然をみつめて」は、研究室において日夜学生の教育にあたっている環境園芸学部の全教員19人が専門的研究の解説や日ごろ感じていること、伝えたいことなどを自由に執筆したものである。従って、構成は必ずしも所属する分野・専攻の枠ではなく、第1章「花・果実・野菜」、第2章「マクロからミクロへ」、第3章「お庭の観賞」、第4章「造園技術と教育」、第5章「自然のなかの生物」、第6章「アジアの今」となっている。これを読んだ方々は、環境園芸学部を構成する研究室の数の多さのみならず、担当している教員の多様性を感じて頂ければ幸いである。そして興味が湧けば、本学部の門を気軽に叩いてくださることを願っている。

　平成29年（2017年）10月

目　次

第2章　マクロからミクロへ　53

第3章　お庭の観賞　83

第4章 造園技術と教育 105

第5章 自然のなかの生物 123

第6章　アジアの今　　143

カバー絵・降幡好華

南九州大学創立50周年記念
環境園芸学部論集

自然をみつめて

第1章
花・果実・野菜

カーネーションにおける花色の仕組みについて

山口　雅篤 (教授)

園芸学分野　植物バイオ・育種専攻
植物資源利用研究室

1．はじめに

　カーネーション（*Dianthus caryophyllus*）は、バラやキクとともに一般的な観賞植物であり、主に切り花として世界中で愛用され、園芸学的に重要な位置を占めている。我々が日頃目にするカーネーションは、白色、黄色、赤色、ピンク色、緑色等と多彩であり、母の日には特に赤色の園芸品種が利用されている[1]。著者らは、長年に渡って、カーネーションの「花色の仕組みの解明」を研究の対象としてきたので、このテーマについて研究結果を交えて解説したい。

2．花色の研究方法

　まず、花色を知るためには、花色を「花色生理現象」として捉えて、花色の観察から始めることが必要である。対象とする花色は、種苗会社の品種や育種途上の系統までもサンプリングして検索を行う。次に、これらの花色をカラーチャート（RHSカラーチャート）によって、客観的な色として整理する。さらに、色の仕組みを把握するために、花色の原因となる花色素の分析が必要である。その目的のためのサンプルはできるだけ生花弁を供試して、長期保存する場合は低温乾燥して褐変防止を行う。花色素の分析実験を行うにあたって、過去の世界のカーネーションの分析結果の情報収集が必要である。まだ分析が行われていない場合

は、研究室で標準となる色素の精製を行い、これを指標として分析を行う。未知な色素が検出された場合は、色素の精製と色素の構造決定が必要となる。花色の研究は、色素が天然色素なので市販では入手困難であり、色素の分析、精製および構造決定の技術が要求される。花色と花色素と色素の関係について、三大切り花であるバラ、キクおよびカーネーションの中で、カーネーションが最も研究が進展していなかった[1,2]。そこで、著者らは、1983年からこの研究を開始し、共同研究者（サントリー、JT、花卉研究所、東北大学、東京農工大学）の協力の下に、花色、花色素および花色素の生合成の観点から「カーネーションの花色の仕組み」の解明を試みた[1]。

3．カーネーションの花色

　カーネーションの花色は、同じナデシコ属に属するセキチクと同様に赤色、ピンク色、藤色などの変異が多いが、黄色、緑色および青色がある点でこれらの種とは大きく異なる。黄色と緑色は突然変異や交配によって生じたものであるが、青色はパンジーあるいはペチュニアの青色色素合成酵素の遺伝子（$F3'5'H$）が導入された遺伝子組換えカーネーションである。カーネーションの花色を大きく分けると、赤色系（シアニック系）と非赤色系（アシアニック系）に分けることができる。前者は、赤色、濃桃色、紫赤色および赤紫色に分けられ、後者は、黄色や緑色に分けられる。この他に中間色系の花色としてオレンジ色が存在する[1]。

　赤色系の色については、古くから遺伝子と花色の対応関係が明らかにされている[2]。これらの色には二つの遺伝子（MとR）が関係している。共に劣性のホモの場合は、赤色の表現型となり、共に優性の場合は、赤紫色の表現型となる。片方のみが優性の$R\text{-}mm$の場合は濃桃色であり、$rrM\text{-}$の場合は紫赤色である（表1）。従って、母の日のカーネーションの赤色は、最も劣性な遺伝子の組み合わせ（$rrmm$）を持ち、野生のナデシコ属植物の花色遺伝子の突然変異に起因していると推定されている[1,2]。

表1　カーネーションにおける花色の遺伝子の関係

花色（表現型）	遺伝子型	含有色素[1]	含有色素[2]
赤色	*rrmm*	Pg3G	Pg3MG
濃桃色	*rrM-*	Pg3G5G	CyclicMpg3G5G
紫赤色	*R.mm*	Cy3G	Cy3MG
赤紫色	*R-M-*	Cy3G5G	CycligMCy3G5G

1）脱アシル化アントシアニン色素の組成、2）アシル化アントシアニン色素の組成、Cyclic:環状構造、M：リンゴ酸、G：グルコース、Pg：ペラルゴニジン色素（赤色色素）、Cy：シアニジン色素（紫赤色色素）

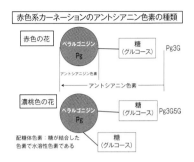

図1　赤色系カーネーションのアントシアニン色素

これらの遺伝子に加えて、花の濃淡に関係する遺伝子（*S*）が組み合わさると、劣性の場合は淡色となり、優性の場合は濃色となる。共同研究によって、この遺伝子の実体が明らかとなった[3]。すなわち、*S*遺伝子は、色素を液胞に移動させるのに必要な酵素（グルタチオン転移酵素）の遺伝子であった。色素にグルタチオンが結合しないと色素が液胞に移動できずに、色素の蓄積量が少なくなり、その結果花色が淡色となる。一方、色素にグルタチオンが結合すると、花色が濃色となる。

4．カーネーションの花色素

　カーネーションのシアニック系の花弁には、赤色系のアントシアニン色素が含まれ、アシアニック系の花弁には、黄色の場合はカルコン色素、緑色の場合はクロロフィル色素が含まれる。また、オレンジ色の場合は、黄色のカルコン色素と赤色系のアントシアニン色素の二種類が共存する。このアントシアニン色素は、色素の骨格にグルコースが結合した配糖体色素として長い間信じられていた（表1、図1）[2]。

　しかし、著者らの色素同定の研究の結果、カーネーションのアントシアニン色素は有機酸の結合した新規な色素であった。すなわち、この色素はグルコースが結合した単純な配糖体色素ではなく、さらに糖に有機酸の一種であるリンゴ酸が結合していた[1,4]。有機酸の結合した色素は

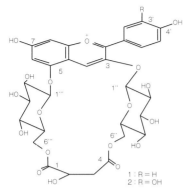

図2　Cyclic アントシアニン

アシル化アントシアニンと言われ、この発見当時、ブドウの果皮の色素では酢酸が、シソの葉の色素ではマロン酸などが結合した色素が報告されていた。しかし、リンゴ酸の結合した色素は初めての報告であり、また、ナデシコ属に特異的な興味深い色素であった。また、リンゴ酸が架橋して環状のサイクリック（*Cyclic*）構造を持つ特異的な色素も同時に、カーネーションから世界で初めて同定された（図2）[3]。色素が同定された当初は、このリンゴ酸の働きが不明であったが、金属光沢を持つ紫色の突然変異のカーネーションが見出され、この変異体の解析から、リンゴ酸の働きが明らかとなった。この変異体の花色素は、リンゴ酸が結合していないアントシアニン色素であり、しかも、色素は花弁の表皮細胞内の液胞内に広がらずに顔料色素のように塊状で存在をしていた。その結果、アントシアニン色素は、塊状の固体として液胞内に存在し、光が固体の色素に反射して金属光沢を放つと推定された。すなわち、リンゴ酸は、アントシアニン色素の液胞内での拡がりに関係していることが示唆された。赤色系のカーネーションの品種については、新たに見出された色素を標準色素として、色と色素の関係を多くの品種を用いて検索し、今までの色素と花色の関係の大幅に訂正することができた（表1）。

　黄色のカルコン色素は、黄色のダリアなどの花色素として報告されていたが、カーネーションでは詳細に報告されていなかった。そこで、筆者らは、カーネーションのこの色素の精製を行い、得られた色素を同定して標準色素として用いて、黄色の酵素や遺伝子の研究の共同研究を行った。この黄色は、グルコースが結合した配糖体色素であり、カルコノナリンゲニン2'-グルコシド（Ch2'G）と確認された。次に、この色素

を用いて多くの黄色品種における色素含量と黄色花の濃淡について調査を行った。その結果、黄色の濃淡はこの色素含量に関係するが、赤系の濃淡のS遺伝子とは異なる可能性が示唆された[4,5]。

　白色のカーネーションの花弁には、アントシアニン色素は含まれていないが、代わりに淡黄色のフラボノール類が含まれている。これらの成分は、アントシアニン色素の生合成過程で経路が途中で止まり、その結果、生合成の中間産物として貯蔵された成分である。白色の品種の花にどのようなフラボノイド類が含まれているかを把握することは、白色カーネーションの品種の色素の遺伝学的背景を理解する上で必要な情報である。そこで、多くの白色品種についてフラボノイド類の組成の調査を行った。その結果、白花は、赤色色素（ペラルゴニジン）に類似なケンフェロール類を含むグループと紫赤色色素（シアニジン）に類似なクエルセチン類を含むグループに大別された。すなわち、白花の成分は、改良される前の品種や系統の花色素の種類の大きく左右されていた。

　中間色のオレンジ色については、黄色色素（Ch2'G）と赤色系色素（４種類のアントシアニン色素）を同時に分析し、共存する色素の種類を分析することが必要である。そこで、これまでに得られた標準色素を用いて、オレンジ色の色素組成の調査を行った。その結果、次の４種類のオレンジ色が成分化学的に大別された。① Ch2'G+赤色色素、② Ch2'G+濃桃色色素）、③ Ch2'G+紫赤色色素、④ Ch2'G+赤紫色色素。共存するアントシアニン色素の組み合わせによって赤味から青味を帯びるオレンジ色が存在した。

　緑色の花色素については、一部の品種でクロロフィルaが報告されているが、品種数が少ないため、幅広く分析されていない現状である[1]。カーネーションは、蕾の発育の段階では淡緑色を呈しているので、クロロフィルが含まれているが、後に酵素によって分解すると考えられている。最近の研究では、メンデルの緑色の種子の遺伝子と類似の遺伝子がカーネーションで見出され、花を緑色に保っていると指定されている。

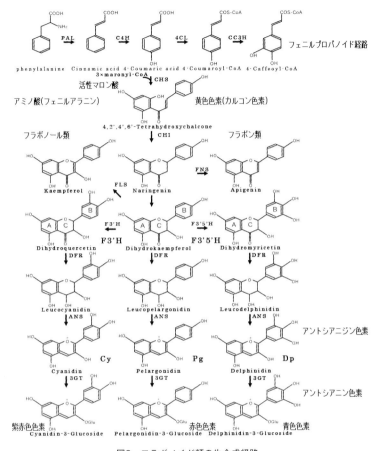

図3　フラボノイド類の生合成経路

→：酵素反応、3文字略字：生合成経路の酵素名

5．カーネーションの花色素の生合成

　カーネーションの花弁に含まれる主要なカルコン色素とアントシアニン色素は、共にフラボノイド類の色素であり、同じフラボノイド生合成経路によって花弁の表皮細胞内で生合成される（図3）。

　これらの色素の素材となる物質は、アミノ酸の一種である*L*-フェニル

アラニンと有機酸の一種であるマロン酸（実際は活性マロン酸）である。*L*-フェニルアラニンは、窒素が取り除かれ、活性パラ・クマル酸という有機酸に変換される。これに３分子の活性マロン酸が縮合して、黄色色素のカルコン色素が最初に生合成される。すなわち、黄色色素は、経路上で最初に合成される進化的に原始的な色素である。カーネーションの黄色花の場合、２箇所の反応に変異を生じて、これ以上反応が進行せずに、カルコン色素が液胞内に蓄積する。液胞内では、カルコン色素はグルコースが結合した配糖体色素Ch2'Gとして存在し、液胞内で黄色の水溶性色素として安定に蓄積される。

　赤系の花の場合、色素の生合成はカルコン色素からさらに反応が進行して、幾つかの無色のフラボノイド類を経て、赤色色素のアントシアニン色素に変換される。カーネーションの場合、花色に応じて２種類のアントシアニジンが生合成される。赤色と濃桃色の場合はペラルゴニジン（Pg）であり、紫赤色と赤紫色の場合、シアニジン（*Cy*）が生合成される。両者の構造の違いは、水酸基（-OH）１個の違いである。この反応は、フラボノイド３'水酸化酵素（**F3'H**）によって行われる。花色の説明で述べた*R*遺伝子がこの酵素の遺伝子に対応する。赤色と濃桃色の場合、色素の構造の違いは、色素に結合した糖（グルコース）の数の違いである。１個結合していると赤色色素となり、もう１つ結合すると濃桃色色素になる（第１図）。この反応は配糖体化酵素（5GT）によって行われる。同じく花色の説明で述べた*M*遺伝子がこの酵素の遺伝子に対応する。すなわち、花色は、花色素の構造の変化に起因し、この変化は、花色素を造る一つの酵素の遺伝子によって支配されていることになる（１遺伝子１酵素説）。

　青色の品種は、不足していた青色色素であるデルフィニジン（Dp）を合成する酵素（**F3'5'H**）の遺伝子をペチュニアやパンジーから取り出して、遺伝子組換え技術によって新たに作出された花である。この青色色素には構造上、元の色素より多い３個の水酸基が付いている。物質に

水酸基を付けることは、生物では解毒作用として広く知られていることから、強力な解毒酵素が青色のカーネーション品種を作成したことになる。この酵素の遺伝子は、後にバラに導入されて青バラの改良へと導いた。

6．おわりに

　多彩な花色のカーネーションの育種において、生理現象の花色から一歩踏み込んで、色の原因物質のレベルの情報を得て、さらに、この色素の生理合成経路に基づいた基礎的な知識が必要である。また、高品質の花色の切り花の生産においても同様な知識が必要である。今回の解説が、カーネーションの花色育種に少しでも貢献できれば幸甚である。

参考文献

1）Geissman, T.A. and Mehlkuuist, G. A.L. Inheritance in the carnation.Dianthus caryophyllus Ⅳ.The chemistry of flower color variation.Ⅰ. Genetics 32 (1947) pp.410-433
2）山口雅篤. カーネーション(Dianthus caryophyllus L.) の花色育種に関する基礎的研究.南九州大園研報. 19 (1989) pp.1-78
3）Nakayama, M., Koshioka, M., Yoshida, H., Kan, Y., Fukui, Y., Koike, A. and Yamaguchi, M. Cyclic malyl anthocyanins in Dianthus caryophyllus. Phytochemistry 55(2000) pp. 937-939.
4）Sasaki, N., Nishizaki, Y., Uchida, Y., Wakamatsu, E., Uemoto, N., Momose, M., Okamura, M., Yoshida, H., Yamaguchi, M., Nakayama, M., Ozeki, Y. and Itoh, Y. Identification of the glutathione S-transferase gene responsible for flower color intensity in carnations. Plant Biotechnology. 29(3)(2012) pp.223-227

鉢物の栽培と観賞 —— 鉢物の意義とそのあり方 ——

長江　嗣朗（准教授）

園芸学分野　園芸生産環境専攻
花卉園芸学研究室

1. はじめに

　我が国では近年の住宅事情を反映し、蔬菜（野菜）や花卉（花き）などの栽培に鉢および容器（コンテナ）を利用することが増加している（図1）。

　現在では鉢を用いた植物栽培には、さまざまな種類・性質のものが用いられ多種多様である。本来、鉢を用いた植物の栽培は観賞を目的とする植物である花卉から始まっている。花卉は食べられないにも関わら

図1　花卉の鉢物

ず、世界はもちろん日本でも古来よりとても興味が持たれ続けている。実際、8世紀の『万葉集』に収められた歌約4,500首のうち、実に3分の1程度の歌に観賞を目的とする植物が登場することからも花卉への意識の高さがうかがえる。

　また、17〜19世紀のヨーロッパでも、ジョン・トラディスカントをはじめとするプラントハンターたちが世界に花を求めて航海していたことなどは、その後より一層庶民へ花卉の人気が広まっていくことにも貢献している。

　このようにいつの時代にも世界中でたびたび脚光を浴びる花卉は、これまで屋外における栽培のための環境条件については多くの報告があ

図2
さまざまな鉢物

る。それに比べ、室内における花卉の鉢物についてはあまり検討される機会がなかったといっても過言ではない。

2．我が国における鉢物の歴史

　我が国では、平安時代すでに花卉の鉢植えが行われていたと考えられる。これ以前にも植物が鉢植えされていた可能性も否定できないが、少なくとも9世紀の『続日本後紀』に鉢植えのタチバナが記載されている。ちなみに、『続日本後紀』に記されているタチバナは2寸程度でありながら開花しており、農民の手によって鉢に移植し献上品として用いられていることから、当時すでに一般人にも珍しい花卉を鉢植えにする知識が広く知れ渡っていたとも推察できる。

　なお、鉢植えのための容器とは、食物の貯蔵容器や食器であったものを植物の栽培のために汎用したとも考えられ、最初から植物栽培を目的としてわざわざ作っていたとは考えにくい。

　昔も今も花卉をより身近に置きたいという感覚はそれほど違わないのかもしれない。そういった意味では、近年は鉢物の社会的評価はさらに高まっていると言えるであろう。

　このように先人の時代から植物の栽培にわざわざ鉢を利用したことの目的は、自然界に育っていた美しい植物を少しでも長く自分の身の周りに置きたいとの気持ちが先立ったものと予想される（図2）。

図3
さまざまな種類の鉢

3．鉢の種類とその特徴

　鉢にはさまざまな種類がある。鉢に植物を植え付ける際には、まず大きさ（口径や深さ）を考慮するのが一般的である。趣味で鉢を用いて植物を栽培している場合には、鉢内で根が詰まったらより大きな鉢に移植、つまりどんどん大きな鉢へ移植しがちである。一方、営利的な鉢物生産の場合は、植物の生長や市場の需要などを検討して事前に目的となる鉢の大きさを決めてから生産計画を立てている。

　なお、鉢には陶器製の素焼き鉢、駄温鉢、化粧鉢、テラコッタ等、合成樹脂のポリエチレンおよびポリプロピレン製のプラ鉢、ポリポット等が存在する（図3）。また、やや珍しいものではピートモスを圧縮したジフィーポットおよび再生紙を圧縮した鉢もある。もちろん、植物の性質やその後の生長を考えた上で鉢の大きさ、さらには材質を選ぶのが望ましい。

4．鉢物の用土とその特徴

　鉢物の中でも草本植物は、とりわけ植え付ける用土に気を払うべきである。鉢物の用土として黒土、赤土、黒ボク土、真砂土などを中心に、川砂、桐生砂、鹿沼土、赤玉土、バーミキュライト、パーライト、ピートモス、腐葉土、ミズゴケ、バークアッシュ、籾殻くん炭などを単用あ

るいは配合して用いる。配合する場合の目的は、中心となる用土の物理性の改善、すなわち排水性、保水性、保肥性、保温性などを改善するためである。さらに、植え付ける草本植物の特性を考慮した上で、これらの配合比率を検討することが理想となる。

　なお、現在世界中でさまざまな物理性をもつ多数の種類の配合土が市販されている。特に近年の日本では、「バラの土」など特定の植物専用の用土までもが販売されているので、このような市販用土を利用するのも便利である。

5．鉢物の観賞

　世界中で観賞されている鉢物は、歴史的に非常に価値があった物も存在する。これまで鉢物で最も高価と考えられるのは、中世ヨーロッパの「チューリッポマニア」と呼ばれるチューリップを非常に愛した人々が多数いた時代であろう。当時、珍しいたった１つのチューリップと貴族の大きな屋敷が交換されるほどの価値があった。そのため、チューリッポマニアたちは珍しいチューリップを作り出すことに執心し、鉢植えのチューリップを逆さまに吊すことでこれまでになかった珍しい花が咲くのではないかと考えて実際に行われていたという逸話も残されている。現在は、花卉園芸学の発展により、このようなことはもちろんあり得ないことは誰もが知るところである。

　近年、花卉園芸学は優れた鉢物を生産する技術にも多大な貢献を果たしてきたが、その品質を維持することはいまだに難しい。たとえば、鉢物の生産者から消費者の手に渡るまで、輸送、販売と長期にわたる場合がある。輸送中の（密閉した）トラック内，販売中の店舗内における低い照度は実は植物に大きなストレスとなっている。

　また、輸送時における気温もその後の品質維持に大いに関係している。野菜や果物などの生鮮食品では低温輸送が望ましいことが広く知られているが、鉢物でも低温で輸送した方が損傷を軽減される植物がある

ことはほとんど認知されていないであろう。極端な植物、たとえばゼラニウムおよびチューリップの鉢植えでは5℃ぐらいの低温で輸送した方が望ましいとされている。

　さらに、鉢物の利点は少しでも人の近くで観賞できることであるにも関わらず、室内で鉢物を栽培することは予想以上に難しい。まず、何でもかんでも植物を鉢植えにして室内に持ち込むことはお勧めしない。室内で長期的に観賞できるかどうかはその植物の性質さらには、環境条件が重要である。

　現代社会ではホテル、デパート、カフェなど人が集まるところには鉢物が置かれ、しかもその鉢物をレンタルする専門業者までもが存在する。

　公共の場であれ、家庭であれ、室内における鉢植えの植物は、光、気温、湿度等、さまざまな環境条件によってその生長が抑制されることが多い。すなわち、室内で植物を育てることは、屋外で育てるよりとても難しいと言える。置かれた室内環境が適切でなければ、たちまち植物は葉の黄化、ひいては落葉、落蕾、落花、徒長などが発生する。しかしながら、せっかく鉢植えにしたからこそ長く手元で美しく育ってほしいものであろう。そのためにも、室内では鉢植えの植物をより細やかに配慮する必要がある。

　また、エチレンガスの影響も見逃してはならない。近年ではエチレンガスが植物の成熟に関わっていること、とりわけ切り花の鮮度を保持するためにはこのエチレンガスの影響を受けにくくすることが重要なポイントとなることがよく知られている。もちろん切り花ほどではないが、鉢物の中でも花が開花している状態であれば、切り花同様エチレンガスの影響を十分に検討した方が良い。

　とはいうものの、実は植物はたいへんたくましいものである。たとえ室内の光、気温、湿度などの環境がその植物にとってあまり望ましくない場合でも、それに順応しながら生存を続けることが可能である。たと

えば、室内の低照度下で植物を育てると茎
の節間が伸長、すなわち徒長が起こること
はよく知られている。また、葉の内部の柵
状組織の細胞が減少することにより葉が薄
くなる。一方、限られた光を少しでも多く
吸収しようと葉の面積は比較的大きくな
り、地面と水平に近い角度で展開するな
ど、植物自身も置かれた環境に順応して生
長をする。

図4　室内に飾られた鉢物

　なお、室内に取り込んで間もない鉢植え
の植物がほとんど全ての葉っぱを落として
しまったとしてもがっかりするのは早過ぎる。あきらめずにもうしばら
く根気強く栽培を続けていると、再び芽や葉を吹くことも多々ある。

6. おわりに

　今後は、花卉園芸、鉢物生産者の立場の人々が、長期間室内で観賞で
きるように生産および流通するということが今後より重要な課題となる
であろうが、消費者の方々にも少し植物のことを考えながら鉢物を育て
てもらいたい（図4）。

　花卉園芸学に携わる者として、一人でも多くの人に鉢物を身近に感じ
ながら生活してもらいたいと考えている。

参考文献

1）森田梯：続日本後紀（上）全現代語訳．講談社（2010）pp.300
2）大川清：花卉園芸総論（1995）pp.179-183
3）長村智司：鉢花の培養土と養水分管理（1995）pp.56-76

日本でのマカダミア栽培

前田　隆昭 (准教授)
園芸学分野　園芸生産環境専攻
果樹園芸学研究室

1．マカダミアとは

　マカダミアは主にハワイで生産されている。マカダミアと言えばチョコレートの中に入っているナッツを思い浮かべる方が多いと思う。ナッツ類の中でも食味や栄養分の優秀さからナッツの王様として知名度がある。マカダミアはヤマモガシ科マカダミア属に属す。原産地はオーストラリアのクイーンズランドとニューサウスウエールズ州であることから、マカダミアは別名クイーンズランドナッツの樹とも呼ばれている。日本では常緑小木で、実生だと樹高10ｍまでと言われているが、オーストラリアでは樹高18ｍ、樹冠幅15ｍの樹もあると言われているので、常緑高木ではないかとも考えられている。写真1はマカダミアの樹で、樹高は約5ｍである。写真2はマカダミアの花である。花色は白とピンクがある。写真3は、果実と花が混在している状況である。日本では、一般に5月に満開になるが、8月にも開花する。この写真は5月に開花し果実になっているものと、これから開花しようとする花の状況である。写真4は、葉の形態である。左側の3枚の葉が輪生する系統を *Macadamia integrifolia*、4枚の葉が輪生する系統を *Macadamia tetraphylla* と呼んでいる。ただ、この2系統の交雑種も多く、交雑種では同一樹に3枚葉と4枚葉がみられる。

　マカダミアは10種知られているが、食用として価値があるのは上記

写真1　日本のマカダミア栽培樹

写真2
マカダミアの開花状況
上：'バーディック'の花序
下：'バーモント'の花序

写真3　果実と花が混在している状況

写真4　マカダミアの葉の形態

の*Macadamia integrifolia* および*Macadamia tetraphylla*の2種にすぎない
[1]。

2．日本での栽培適応性

　マカダミアは、ハワイのような暖かいところでないと栽培は不可能で

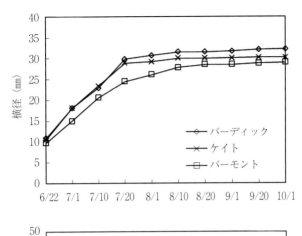

図1
マカダミア果実の
肥大曲線

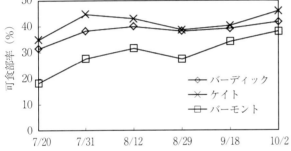

図2
マカダミア3品種の
可食部率の推移

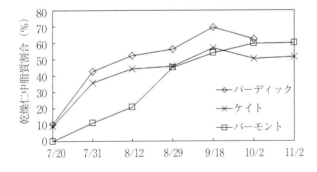

図3
マカダミアの乾燥仁中
の脂質割合の推移

写真5　マカダミア3品種の果実(左)、殻果および仁(右)
　　　各々左側から 'バーモント'、'バーディック'、'クーパー'
　　　右側の写真は外側から緑色の果皮、こげ茶色の殻皮、白い仁（可食部）

　ないかと思うかもしれない。しかし、和歌山県ではハウスでなく露地で
栽培されている。そこで、和歌山県での調査結果について報告する。
　果実肥大は、5月の開花後急速に肥大し、'バーディック' と 'ケイ
ト' は7月下旬まで、'バーモント' は8月上旬まで肥大が盛んで、そ
れ以後はほとんど肥大しなかった（図1）。
　写真5は、果実肥大調査に用いた3品種の果実である。'バーディッ
ク' の果皮はなめらかであるが、'バーモント'、'クーパー' の果皮は
粗いというか少ししわがよったような感じである。
　可食部率は、'ケイト' が最も大きく、'バーディック'、'バーモント'
の順に小さくなった（図2）。乾燥仁の脂質割合は7月下旬から急速に
増加し、9〜10月ではいずれの品種も60％前後に達した（図3）。マカ
ダミアは、脂質割合が低いと食味が劣り、経済品種には適さないため、
高脂質割合が経済栽培品種として重要な要素となる。1樹当たりの乾燥
殻果重は、7年生 'バーディック' で1,340gと高かった。今回の試験
では、栽植間隔が5m×5mで、10a当たりに換算すると栽植本数は
40本、収量は53.6kgとなった。10a当たりの殻果収量について、ハワ
イでは700〜800kg、オーストラリアでは最大550kgと報告[1]があり、
今回の試験では、まだ成木ではないがかなり少ない結果であった。

写真6　果実の着果（左側）および裂開（右側）状況

　'バーディック'と'バーモント'は1月上旬に樹上で果皮が裂開した（写真6）。裂開した果実は落果せず樹上に着果していたが、2月に入ると果皮がしなびたようになり落果した。'クーパー'は果皮が裂開せず、しなびることもなかったが2月に入ると落果した。

　秋冬期の新鮮殻果重は'バーディック'9〜12g、'クーパー'8〜12g、'バーモント'8〜9gで'バーディック'、'クーパー'が大きかった。新鮮仁重は、3品種とも調査期間中3〜5gで推移し、可食部率も調査期間中32〜39％で推移した。2月上旬の可食部率も11月下旬とほぼ同様であった。

　秋冬期の乾燥仁中の脂質割合は、'クーパー'70〜75％、'バーモント'67〜77％、'バーディック'66〜69％と'バーモント'、'クーパー'の脂質割合が高く推移した。3品種とも2月上旬の乾燥仁中の脂質割合は11月下旬とほぼ同様であった。優良品種の選抜基準は、脂質割合が60％以上[2]とされているため、本試験におけるいずれの品種の果実も十分高品質であった。

3．まとめ

　日本におけるマカダミアの栽培は、ハワイやオーストラリアの産地と

比べると収量は少ないが、高品質のマカダミアを栽培・生産することが可能であった。また、秋期から翌年2月上旬まで樹上におくことができ、この期間に可食部率の低下や経済品種として重要な脂質割合も低下しなかったことから、日本での露地栽培も可能であることがわかった。

　宮崎県などの南九州の海岸沿いでも十分栽培可能な樹種であるため、今後、地域特産果樹として栽培していくことも面白いのではないだろうか。

参考文献

1) Cull, B. W. : Proteaceae Macadamia integrifolia Maiden & Betche and Macadamia tetraphylla. Tropical Tree Fruits for Australia. Queensland Department of Primary Industries. (1984) pp.150-160

2) Stebbins. R. L. and L. Walheim. : Macadamia. Western - Fruit Berries & Nuts - How to select, grow and enjoy. H. P. Books.(1981) p.163

日本国内におけるカプシカム属の栽培及び育種状況

杉田　亘 (講師)

園芸学分野　植物バイオ・育種専攻
園芸育種学研究室

1. はじめに

　カプシカム属（$2n=2x=24$）は、中南米を原産地とし、ナスやトマト、タバコと同じ二倍体のナス科植物である。カプシカム属には、*Capsicum annuum* L. をはじめ、*C. frutescens*、*C. baccatum*、*C. pubescens* および *C. chinense* が主な栽培種として知られている。そのなかでも *C. annuum* はトウガラ

カプシカム属の多様性

シやピーマン、パプリカ（*C. annuum* L. var. *angulosum* Miller or var. *grossum* Bailey）として、「コロンブス交換」以降に世界中に広まり、主に香辛料や野菜、着色料、医薬品などの原料として作付けされている。特に、二次派生先の東南アジア、南アジア、東アジアにおいては、トウガラシを使った多くの伝統料理が存在し、その地域の文化に欠かせない作物になっていることから、遺伝的な多様性を保持した在来系統が栽培・保存されている。

2．日本国内におけるカプシカム属栽培状況

　日本国内では、沖縄県などの島嶼地域において栽培されているキダチトウガラシ（*C. frutescens*）を除いては、主にピーマンやトウガラシとして*C. annuum*が栽培されている。ピーマンは、'鷹の爪'、'八房'などのトウガラシや、シシトウ、また近年国内需要が大きく伸びてきた通称'パプリカ'と同一種であり、その生産・流通過程において、一般的に未熟果で収穫する緑色果実のものをピーマンと呼び、赤や黄色、橙色の完熟果で収穫するものをカラーピーマンと呼んで区別している。ピーマンについては、周年安定出荷のため、様々な作型により全国各地で栽培されており、地域経済を支える重要な品目となっている。また、ピーマンは野菜生産出荷安定法に定められた「指定野菜」の1つであり、国民の食生活には欠かせない品目である。

　平成29年に公表された農林水産統計（農林水産省）によると、冬春ピーマンの平成28年産の冬春作全国生産量は72,400 tで、茨城県、高知県、宮崎県、鹿児島県の4県で全国生産量の約93％を占めている。これらの県は農業を重要な基幹産業として位置付けており、その中でも施設園芸の主力品目であるピーマンは、地域経済を支える重要な作物となっている。冬春作のピーマンは、一般的にビニールハウスなどの施設を用いて栽培されており、最低夜間温度18℃以上が望ましいとされている。本大学が位置する南九州地域（宮崎県、鹿児島県）では、34,200 tが生産されているが、これは全国生産量の47％を占めており、このことからも当地域ではピーマンの生産にとって適した気候条件を有していると考えられる。本地域のなかでも、宮崎県の東部、鹿児島県の大隅半島など、特に太平洋沿岸部においてピーマンの栽培が盛んに行われていることから、冬期における豊富な日照量と温暖な気候条件がピーマンの栽培に適しているものと推察される。

3．病虫害抵抗性台木用品種の育成と今後の方向性について

　ピーマン生産現地においては、その栽培過程において病害虫による被害が多発しており、なかでも青枯病（*Ralstonia solanacearum*）、疫病（*Phytophthora capsici*）、ウイルス病（PMMoV：*pepper mild mottle virus*）およびサツマイモネコブセンチュウ（*Meloidogyne incognita*）による被害は、土壌を介して拡大していくために非常に深刻な問題である。主にウイルス病に対する防除を目的として広く普及していた土壌くん蒸剤臭化メチルは、1992年にオゾン層を破壊する物質に関する国際会議（モントリオール議定書）においてオゾン層破壊物質に指定され、2013年には全廃となった。このような状況において、臭化メチル代替技術の開発が進められ、農作業上の安全性の確保や消費者に対する安全・安心な農作物の供給という点からも、農薬に頼らない効果的な対策として、抵抗性台木用品種の開発が加速化した。これにより、青枯病、疫病、ウイルス病抵抗性を有する台木用品種が民間種苗会社や公的研究機関により次々と開発され、それにともない公的研究機関を中心に接ぎ木栽培技術も改良されたことから、抵抗性台木用品種を用いた接ぎ木栽培が次第に生産現地へと普及した。また、サツマイモネコブセンチュウ抵抗性についても実用品種の開発には至ってはいないものの、ピーマンに寄生するセンチュウ類の同定、新たな抵抗性素材の探索、抵抗性遺伝子座の解析など実用化に向けた研究が進んでいる。

　青枯病は細菌性の土壌病害であり、熱帯、亜熱帯および温帯地域において発生している。我が国においても西日本を中心に発生が多く見られ、ピーマン、ナス、トマトなどのナス科作物に大きな被害を与えている。ピーマン栽培においては、冬期温暖な気候の高知県、宮崎県および鹿児島県で青枯病による被害が多発しており、これらの地域においては最も注意すべき病害である。また、東日本でも栽培時期に気温が上がる夏秋栽培地域において発生が多くみられる。本病原菌は植物の根から

侵入して、植物体内で増殖し、感染した植物は萎凋枯死する。2006年から2008年にかけて、農林水産省の「先端技術を活用した農林水産研究高度化事業」において、宮崎県総合農業試験場、高知県農業技術センター、野菜茶業研究所（現在の「農研機構　野菜花き研究部門」）、タキイ種苗株式会社と協力し、「ピーマンにおける青枯病抵抗性DNAマーカーの開発」に取り組んだ。本事業においては、強度青枯病抵抗性を有するトウガラシとウイルス病抵抗性を持つピーマンを交配し、F_1を作製後、葯培養技術を用いて倍加半数体（DH: doubled-haploid）系統による抵抗性分離集団（DH集団）を育成した。このDH集団を用いて、DNAマーカーによる連鎖地図を作製するとともに、青枯病菌による接種検定を実施し、各DH系統の抵抗性を評価した。これらの結果に基づき、青枯病抵抗性遺伝様式についてQTL解析を行い、複数の抵抗性遺伝子座により支配されていることを確認した。また、抵抗性評価結果に基づき強度抵抗性を持つと判断したDH系統については交配を行った。得られたF_1系統の中から病害抵抗性や樹勢、接ぎ木親和性、接ぎ木後の収量性を検討し、土壌病害抵抗性台木品種 ‘みやざき台木1号’（品種登録番号：第18567号）、‘みやざき台木2号’（品種登録番号：第18568号）、‘みやざき台木3号’（品種出願番号：第23891号）を育成した。その後も、ここで開発した育種技術を用いて ‘みやざきL1台木1号’（品種登録番号：第23813号）や ‘みやざき台木5号’（品種登録出願番号：第31435号）の病害抵抗性F_1品種を作出した。‘みやざき台木3号’ については、トバモウイルス抵抗性（L^3）と強度青枯病抵抗性、疫病抵抗性を有するピーマン台木用品種であり、宮崎県を中心に約20 ha栽培されている。また、‘みやざき台木5号’ については、トバモウイルス抵抗性（L^3）、強度青枯病抵抗性、強度疫病抵抗性、サツマイモネコブセンチュウ抵抗性（普通系）を有するピーマン台木用品種であり、‘みやざき台木3号’ の後継品種として、生産現地への普及拡大が期待されている。‘みやざきL1台木1号’ については、トバモウイルス抵抗

表1　宮崎県が育成した台木用品種の有する病虫害抵抗性

	品種名	サツマイモネコブセンチュウ抵抗性1)	トバモウイルス抵抗性	青枯病抵抗性	疫病抵抗性	備考
耐線虫品種	'みやぎきL1台木1号'（台木用品種）	○（基準線虫）	○（L'）	○	×	・L'抵抗性台木用品種 ・品種登録番号：第23813号
	参考：'京ゆたか'（栽培品種）	×	○（L'）	×	×	主要栽培品種（L'抵抗性品種）
耐病性品種	'みやぎき台木3号'（台木用品種）	－	○（L'）	◎	○	・L'抵抗性品種用台木 ・品種登録：第21221号 ・農林認定：とうがらし農林台6号
	'みやぎき台木5号'（台木用品種）	○（基準線虫）	○（L'）	○	◎	・L'抵抗性台木候補系統 ・品種登録出願番号：第31435号
	参考：'宮崎グリーン'（栽培品種）	×	○（L'）	×	×	主要栽培品種（L'抵抗性品種）
	参考：'台助'（台木用品種）	×	○（L'）	○	×	主要台木用品種（L'抵抗性台木品種）

抵抗性レベル　◎（非常に強い）＞○（強い）＞×（弱い）、「－」未調査

1) サツマイモネコブセンチュウ抵抗性については、基準線虫（Mi西合志）に対する抵抗性である。

性（L'）を持つ青枯病抵抗性台木用品種が欲しいという生産現地からの要望により、トバモウイルス抵抗性（L'）と中程度の青枯病抵抗性、サツマイモネコブセンチュウ抵抗性（普通系）を有するピーマン台木用品種として開発した。そのほか、民間種苗会社や公的研究機関が開発した病害抵抗性台木用品種としては、強い青枯病抵抗性を持つ'台助'（公益財団法人 園芸植物育種研究所）や強い青枯病抵抗性と疫病抵抗性を持つ'バギー'（タキイ種苗株式会社）、強い疫病抵抗性と青枯病抵抗性を持つ'台パワー'（農研機構　野菜花き研究部門）などが全国の病害発生地域で使用されるようになり、これらの台木用品種を利用した接ぎ木栽培の効果により、生産現地においては青枯病による大きな被害についてあまり聞かれなくなってきた。

　サツマイモネコブセンチュウ（M. incognita）に代表されるネコブセンチュウは、国内外における野菜の生産に大きな被害を及ぼしている。ピーマン類における線虫被害による症状は、根の組織が肥大しコブ状となり、葉が黄化し、生育が止まる。症状の激しい株は枯死に至り、大きな減収となる。これらの被害に対処するため、日本国内においては、太陽熱を利用した土壌消毒や土壌燻煙剤などの化学農薬を使用した防除が実施されているが、その効果は十分でないことから、毎年多くの被害が発生している。最も効果的かつ実用性の高い防除手法としては、トウガ

ラシの有するサツマイモネコブセンチュウ抵抗性の育種への利用が考えられる。2010年から2012年にかけて、農林水産省「新たな農林水産政策を推進する実用技術開発事業（22064）」により、サツマイモネコブセンチュウ抵抗性選抜システムの開発に取り組んだ。その結果、国内のピーマン類に寄生するサツマイモネコブセンチュウを用いて、単卵嚢分離線虫による各種トウガラシ素材への寄生性を調査し、国内ピーマン産地に複数のサツマイモネコブセンチュウ群が存在することを明らかにするとともに（岩堀ら、2015）、それらのセンチュウ群に対して抵抗性を持つトウガラシ素材を明らかにした。ピーマンにおいては、サツマイモネコブセンチュウ抵抗性品種は未だ開発されていない。本研究により得られた知見をもとに、まずは抵抗性台木用品種の開発を目指し、その後は青枯病およびサツマイモネコブセンチュウ抵抗性を有する栽培品種を開発していかなければならない。

4．最後に

　病虫害抵抗性などの新たな形質を導入するためには、多くの遺伝資源の中から目的とする形質を有する系統を探索する必要があるため、遺伝資源の多様性が極めて重要になってくる。近年、品種の画一化が進み、地域において古くから栽培されてきた在来種の枯渇、すなわち、遺伝資源の多様性が失われつつあることが危惧される。貴重な遺伝資源を収集し、それを保護することは、われわれ育種家にとって大変重要な責務であると常に考えさせられる。

参考文献

1）農林水産統計　農林水産省大臣官房統計部（2017）p.28
2）財務省貿易統計　http://www.customs.go.jp/toukei/info/index.htm
3）岩堀英晶・上杉謙太・杉田亘：日本の主要ピーマン産地における加害ネコブセンチュウ種と抵抗性打破線虫の発生頻度　Nematological Research　45-1（2015）pp.57-61.

イチゴ果実の成熟期間、アントシアニン含量および ビタミンC含量の栽培時期による変動

川信　修治 (教授)

園芸学分野　園芸生産環境専攻
蔬菜園芸学研究室

1．はじめに

　イチゴ（*Fragaria x ananassa Duch*）の品質構成要素として外観、食味および内容成分が挙げられるが、近年、食品の生体調節機能が注目されており、イチゴにおける生体調節機能に関わる機能性成分として、アントシアニン、ビタミンC、エラグ酸等の内容成分が注目されている。アントシアニンはイチゴにおいて主たる色素成分であり、ヒトに対する抗酸化性をはじめ、抗腫瘍作用、血圧上昇抑制作用および視覚改善作用などの機能性を持つことが知られている。また、ビタミンCは抗酸化物質として、がん、動脈硬化および心血管に関する病気のリスクを減らすことから、今までの品種の再評価とこれから温暖化へ進む中での新品種の作出も試みられている。

　イチゴの栽培現場においては、ほとんどが施設栽培であり、資材の開発や環境制御技術の確立による高品質イチゴ生産が図られている。この中でイチゴの食味および内容成分は栽培環境の影響を強く受けることが知られている。なかでも、栽培温度が大きく関わり、季節的変動に伴う開花予測、収穫日・重量予測、生育段階予測や果実の着色と成熟予測などの生理生態反応の解明が望まれている。

　そこで、代表的な品種である寒地型の'女峰'および暖地型の'とよのか'を取り上げて、果実の成熟期間（開花から収穫）、アントシアニ

ン含量および還元型ビタミンC含量の栽培時期による変動を調査し、栽培環境（日射量、温度）との関係について考察した。なお、いままでにいくつか発表した研究成果を取りまとめたものである。

2．イチゴ栽培の耕種概要と成熟期間

‘女峰’および‘とよのか’の2品種を用い、苗は2005年7月上旬〜同下旬に親株からでたランナー苗を採取し、9 cm の黒ポリポットで育苗し、2005年9月25日に南九州大学（宮崎県高鍋町）のガラス温室内の培養土を敷き詰めたイチゴ栽培ベッドに定植した。温室内の温度管理は夜温が10℃を下回らないように温湯暖房で管理し、かん水は1株1日あたり概ね50〜100 mL の範囲で、日射量比例方式の自動かん水装置を用いて行った。各花の開花日は2005年11月19日から調査し、果実の収穫は2006年1月1日から5月31日まで約3日間隔で行った。

　栽培環境の計測は、気温にはHT-10Tを用いて日最低気温、日平均気温および日最高気温を計り、日射量はSL-30を用いて日平均日射量を計測した。栽培時期は、図1に示すように、栽培期間中（2005.11/19〜2006.5/31）の日射量および気温のデータを基に4期に分けた。すなわち、開花期間を2005.11/19〜12/30、2005.12/31〜2006.2/12、2006.2/13〜4/11、2006.4/13〜5/1に分割し、それぞれ、Ⅰ期（収穫期間、2006.1/1〜2/15）、Ⅱ期（収穫期間、2006.2/16〜3/22）、Ⅲ期（収穫期間、2006.3/23〜5/8）、Ⅳ期（収穫期間、2006.5/9〜5/31）とした（図1）。

　イチゴ果実の成熟日数は、高温期ほど短く、低温期ほど長くかかることが知られている。本調査においても、‘女峰’および‘とよのか’の成熟期間は、栽培が進むに従って有意に減少した。また、両品種とも、果実成熟期間と日射量および気温との相関関係は高く、積算日射量とは高い負の相関関係、積算気温とは正または高い正の相関関係、日気温とは高い負の相関関係が認められた。特に、積算最高気温との相関関係は全ての栽培時期において高く、果実成熟期間と積算最高気温との関係か

42

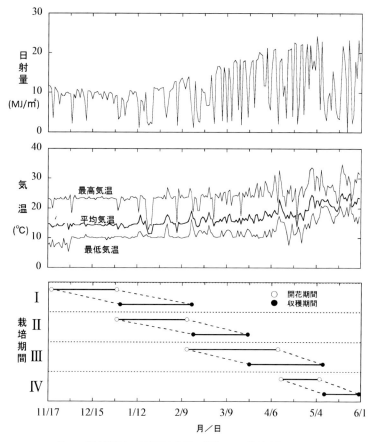

図1　栽培期間中の日射量と気温の推移および栽培時期の4区分

ら求められる回帰式による収穫日予測の可能性が示唆された（図2）。

3．アントシアニン含量の季節的変動

　イチゴ果実のアントシアニン含量には品種間差異のあることが報告されている。また、果実の着色には日射、温度、湿度の影響が大きく、低温、寡日照、多湿により着色が劣り、果実陽面の着色には日射の影響が大きいのに対し、果実裏面では温度の影響が大きいと報告されている。

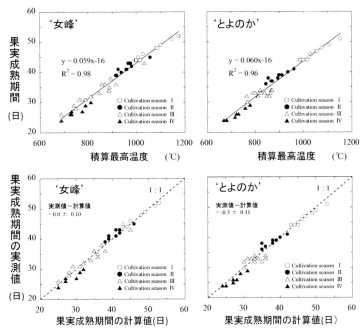

図２　'女峰'および'とよのか'の積算最高気温と果実成熟期間との関係
および果実成熟期間の計算値と測定値との関係

さらに、紫外線がアントシアニン含量に影響を及ぼすことが示唆されており、着色不良果の発生しやすい'とよのか'では白熟期の短期間の暗黒処理が色素生成に大きな影響を及ぼす。本調査において、アントシアニン含量は、'女峰'が'とよのか'よりも高くなったが、栽培時期の違いは両品種ともほとんど認められなかった。この理由として、'女峰'は寒地型で低温・寡日照条件下においても着色するため、栽培時期の違いが認められなかったものと考えられる。一方、'とよのか'は暖地型で光感応性として知られており、低温期に光の影響を強く受ける。本調査を行なった宮崎県高鍋町は、12月から２月にかけては日射量が高いため、栽培時期の違いがほとんど認められなかったものと考えられる。また、日射量および気温との相関関係は、果実成熟期間の場合と比べて

著しく低かったが、'とよのか'の方が'女峰'よりも相関関係が高い傾向であり、この結果は両品種の特性を示している。また、色調とアントシアニン含量および組成との間には必ずしも明確な関係はみられないとの報告があるが、本調査では、果実色を基準にして収穫を行なっており、栽培時期によるアントシアニン含量の違いが認められなかったことから、'女峰'および'とよのか'においては、果実色（色調）とアントシアニン含量との間にはある程度の関係があることが明らかとなった。

4．ビタミンＣ含量の季節的変動

　イチゴ果実のビタミンＣ含量は、受光量の不足した遮光条件下で大きく減少し、昼間に収穫した果実の方が早朝および夜間収穫物よりも高いことが報告されている。品種比較試験とともに、年次間、作型および収穫時期の違いによる変動が検討され、安定性の高い品種が明らかになっている。また、10品種を用いて気象要因とイチゴ果実品質との関係が検討され、開花から収穫までの有効積算温度や日射量がビタミンＣ含量に影響を及ぼすことが報告されている。　本研究において、還元型ビタミンＣ含量は、両品種とも、同レベルで、Ⅱ期およびⅢ期において有意に低下したが、Ⅳ期においてⅠ期と同程度まで回復した。また、日射量および気温との相関関係は、両品種ともアントシアニンの場合と同様に低く、日射量および気温の変動とは関係なく変動した。一般的に、促成イチゴには収量が栽培中期に低下する中休み現象が発生する。これは果実の着果数の増加に伴う株疲れが原因であり、本調査結果においても栽培中期にあたるⅡ期およびⅢ期において中休み現象が発生し、収量とともにビタミンＣ含量が低下したと考えられる。また、中休み現象の発生には、栽培期間中の気象条件が大きく影響する。本調査では、果実成熟期間の日射量および気温のデータを用いたため、日射量および気温との相関関係が低かったと考えられる。

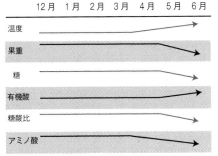

図3
食味に関わる糖、有機酸、糖酸比およびアミノ酸の季節的変動

5．まとめ

　イチゴの需要動向は、周年化（長期どり栽培）と高品質化に向かっている。また、お菓子への利用、ジャムなどの加工の食品としても重要な位置を占めている。今後、周年化・高品質の果実の安定生産及び生産性の向上をはかるためには、気象環境を基礎とした開花・収穫日・収穫量予測並びに果実品質の維持・向上が必要である。アントシアニンやビタミンＣだけでなく、イチゴの食味も糖含量、有機酸含量、糖酸比（糖含量／有機酸含量）およびアミノ酸含量と密接に関係し、これらの成分もまた温度、光などの栽培時期によって変動することから（図3）、イチゴの収量、食味および機能性成分を高めるためには、品種の特性を理解し、光と温度の相互作用のメカニズムを充分に理解した上での栽培管理が不可欠であること、すなわち、施設栽培の季節変動のバランスを含めた総合的な温度管理の確立が必要である。

主な参考文献

1）松添直隆　ほか、2006. 夜温がイチゴ果実の糖、有機酸、アミノ酸、アスコロビン酸、アントシアニンおよびエラグ酸濃度に及ぼす影響. 植物環境工学. 18(2): 115–122.

宮崎在来野菜との出会いからスタートして

陳　蘭庄 (教授)

園芸学分野　植物バイオ・育種専攻
生物工学研究室

1．はじめに

思い起こせば、いまから丁度10年前の2007年4月に南九州大学に赴任してきた。本学の教育研究方針に基づき、元宮崎県総合農業試験場副場長であった富永寛氏から、情報や種子などを提供していただいた宮崎在来野菜との出会いができて以来、これらの野菜が今日の本研究室のメインテーマとなっている。以下、学生諸君と共に宮崎在来野菜の品種改良のために取り組んだ10年間の歩みを紹介する。

2．「佐土原」ナスの復活について

　「佐土原」ナスは、食味や風味が良く、更には焼きナスに適していると言われている。しかし、果実への日の当たり方によって色ムラが出来やすく果皮色も赤紫色であるため濃黒紫色のものが良いとされるようになるにつれ、外観が劣る「佐土原」ナスは優れた食味という長所がありながらも次第に敬遠され、約30年間市場から消えていた。

　この問題を解決するべく新生宮崎市からの依頼で旧宮崎市と旧佐土原町にそれぞれ保管されていた「佐土原」ナスの同定実験を、本研究室にて行い、別々に保存されていた「佐土原」ナスが同一であると判明した。また同年、同研究室で「佐土原」ナスの復活・普及のため、栽培基準マニュアルを作成した。本研究室では、「佐土原」ナス復興のため

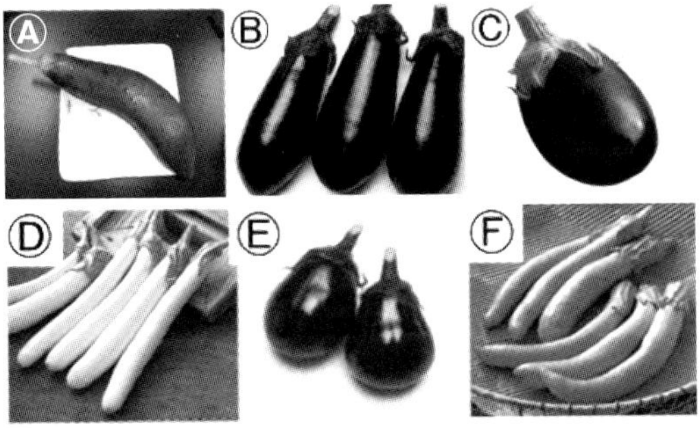

図1
供試したナス Ⓐ:佐土原
Ⓑ:千両二号 Ⓒ:くろわし
Ⓓ:下町美人 Ⓔ:SL紫水
Ⓕ:緑美

図2 「佐土原」ナスと他の品種間雑種における青枯病抵抗性の検定結果
左上（1株が無病徴）、左中（2株が無病徴）、左下、中上、右上（2株が無病徴）、右中（1株が無病徴）、右下（4株が無病徴）;○：抵抗性を示した株

の取り組みとして、1. 官能食味試験と糖度調査による「佐土原」ナスの食味評価を行うと同時にナス科の重要病害である青枯病に対する抵抗性付与を目的とし、2. 近縁品種との正逆交雑による雑種系統の獲得（図1）、及びその自殖世代を用いた青枯病菌接種による優良系統の選抜を行った（図2）。「佐土原」ナスが焼きナスとして最高の評価を受けている理由として、加熱により、甘味、水分が強く感じられるようになり、逆に苦味、酸味、歯応えは感じにくくなったことが関係していると考えられる。

　青枯病に対する「佐土原」ナスの抵抗性を調査した結果、「佐土原」ナスが全て枯死したことで、「佐土原」ナスは青枯病に弱い傾向があると推測された。「佐土原」ナスを親に用いたF₁系統に青枯病菌を接種し

48

表1 「佐土原」ナスの品種間雑種（F₂）の青枯病菌に対する抵抗性

系統名	接種株数	発病度0	発病度1	発病度2	発病度3	発病度4	発病株数	発病指数
佐 x 千·A	17	0	0	0	1	16	100	3.94
佐 x 千·B	20	2	2	0	0	16	90	3.30
佐 x 千·C	20	0	2	0	0	18	100	3.70
佐 x SL	17	1	0	0	0	16	94.1	3.76
緑 x 佐	12	1	0	0	0	11	91.7	3.67

注）発病株率＝（発病度1の株数＋発病度2の株数＋発病度3の株数＋発病度4の株数）／供試数
×100; 発病指数＝（発病度1の株数×1＋発病度2の株数×2＋発病度3の株数×3＋発病
度4の株数×4）／供試数

た結果、5系統10株が生き残った（図2）。表1に示したように生き残った株から採種し（F₂）、再び青枯病菌を接種したところ、「佐土原」ナス×「千両2号」Bで2株、「佐土原」ナス×「SL紫水」で1株、「緑美」×「佐土原」ナスで1株、合計で3系統4株のF₂が得られた。本実験で得られたF₂の3系統4株は遺伝的に安定していると思われた。今後、果形、色、食味などを調査し、総合的に評価して、目的の形質を持った品種を作出したい。一方、病害虫抵抗性を付与するために、「佐土原」ナスと近縁野生種との種間交雑も行っている。

3．「日向カボチャ」の品種改良について

　日向カボチャは黒皮群に属するニホンカボチャの総称である。代表品種 '宮崎早生1号'（図3）の特徴として、果実は700～800g程度で、果形が心臓型で果皮色が濃緑色、表面に隆起部と縦溝があり、果肉は橙色で粘質である。セイヨウカボチャが粉質な果肉と良好な食味で普及した昭和40年以降は栽培農家が年々減少し、栽培面積と生産量はピーク時の1/10となり、それぞれ23haと853tしかない。本研究室は、2007年から日向カボチャの品種改良に本格的に着手し、宮崎市の栽培農家を訪れ問題点を調査した。そこで、栽培農家の要望に応えるべく、1）つる1本に1度に1果実しか着果できない低い着果効率を向上させるこ

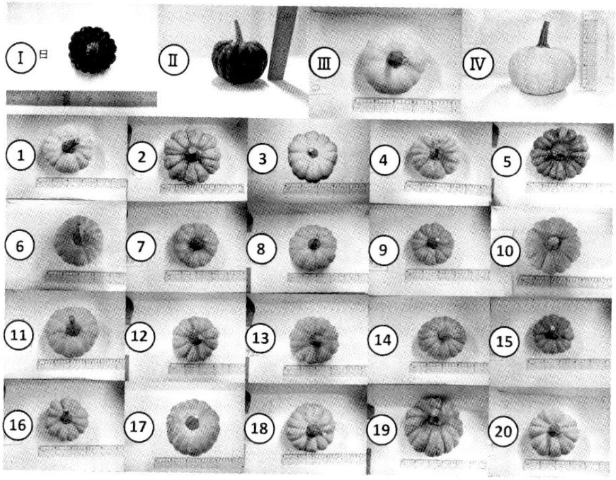

図3
'宮崎早生1号'（日）と'久台33号'（久）およびその正逆雑種後代20系統の自殖果実

ⅠとⅡ：'日'、ⅢとⅣ：'久'、1〜5：2010年度'日'x'久'、6〜10：2010年度'久'x'日'、11〜15：2011年度'日'x'久'、16〜20：2011年度'久'x'日'

と、2）糖度が低く、粘質の果実特性を改善することの2つを目的として定めた。

　これまでに日向カボチャとセイヨウカボチャ（粉質、多果着果）および、台木用カボチャ（多果着果）との正逆交雑をそれぞれ行った。正逆とも'久台33号'との交雑において種子が得られ、同時着果も認められた（図3）。

　続いて得た雑種後代20系統の自殖を行い、同時着果率や形態調査および糖度測定、食味官能試験の結果を比較して、理想型（同時着果、高糖度、良食味および日向カボチャに近い果形）の系統の選抜を行った（図3）。'宮崎早生1号'と'久台33号'との種間雑種後代（F₂）と交配親両方を用いて、自殖を行った。種間雑種20系統においては、2014年度は系統番号3、4、5、6以外で同時着果が見られ（表2）。理想形の7項目のうち6項目に当てはまる系統（番号：5、10）や、高糖度で甘味の強い系統（番号：15）を得ることができた。いま、新品種育成中。

4. 「糸巻き大根」の新系統選抜について

　「糸巻き大根」は古くから宮崎県西米良村で栽培され、米良大根とも

表2　2014年度における種間雑種後代20系統の総合評価

系統名	糖度	食味官能試験				同時着果	果皮の凹凸
		甘味	苦味	肉質	歯ごたえ		
系統1	7.7	2.4	2.5	2.1	2.3	○	3
系統2	8.2	1.9	2	2	2.1	○	9
系統3	7.1	2	2.1	2.3	2.5	×	6
系統4	4	1	2.3	2.5	2.5	×	7
系統5	9.3	3.1	2.2	2.7	2.7	×	9
系統6	7.7	2.8	2.5	2.6	2.8	×	4
系統7	11.4	3	2.5	2.3	3.1	○	5
系統8	5.2	1.1	1.3	1.9	2.5	○	5
系統9	7.8	1.6	2.4	2.7	2.6	○	3
系統10	7.8	2.9	2	2.4	3	○	7
系統11	4.8	1.1	1.8	2.3	2.6	○	3
系統12	5.7	1.4	2.1	3	2.7	○	6
系統13	8	2.1	2.3	3.5	2.6	○	6
系統14	6.9	2.1	2.2	2.6	2.3	○	9
系統15	10.1	3.1	2.4	2.2	2.3	○	8
系統16	6.4	1.3	2.1	2.6	2.6	○	3
系統17	7.6	1.8	2.7	2.9	2.2	○	5
系統18	6.4	2.6	1.4	2.8	2.4	○	9
系統19	6.2	1.5	2.3	1.8	2.1	○	9
系統20	7.3	2.8	2.3	2.7	2.5	○	8
宮	7.2	2.5	2.4	2.3	1.7	×	9
久	8.7	2.3	2.5	2.4	2.7	○	2

＊色塗りは理想型の値を示す；甘味（1：弱い～5：強い）、苦味（1：無～5：強い）、肉質（1：粘質～5：粉質）、歯ごたえ（1：軟らかい～5：硬い）

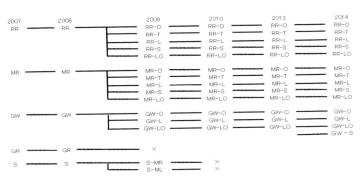

図4　2007～2014年度までの'糸巻き大根'新系統の育成経過（根形は図4に参照）
RR：葉と大根の両方は赤色；MR：葉は赤と緑色が混じり（4:6または6:4）、大根は赤色；
GWは葉は緑色で、大根は白色；GR：葉は緑色で、大根は赤色；S：その他のもの

呼ばれる。根の表皮に糸を巻きつけたような横条線が入ることから「糸巻き大根」といわれている。耐寒性が強く、味はやや辛味があるものの糖度が普通の大根よりも高く、肉質が緻密で煮崩れしにくく、食感もカブのように軟らかいなどの特徴を持つ。　長年、自然交配を繰り返し、根形は様々に変化し、市場に商品として扱われない。図4のように本研

図5
集団選抜法により選抜された「糸巻き大根」RR
グループの５つの新系統
左上：RR-O;左下：RR-T;中央：RR-L;右上：RR-
LO;右下：RR-S
注：RR=葉色赤と根色赤で、‐の後ろは根の形を
指す；O:楕円形；T:カブ型；l:長型；LO:長楕円
型；S:球型

究室では、「糸巻き大根」の新系統を作出することを目的に集団選抜法
による新系統の育種を開始した。2007～2008年度は、本研究独自の選
抜基準により、４つのグループに分類した（図4）。それ以来、集団選
抜法により本来の形質の復活と新系統の作出を行い、国の品種登録基準
に準じた選抜で13の新系統を得ることに成功した。その後、純度を上
げながら、品種登録の段階に達した系統を育成している（図4および5）。

参考文献

1）田中佑樹・熊本耕平・石井修平・西村佳子・富永寛・陳蘭（荘）庄　系統選抜によ
　る宮崎県在来野菜「糸巻き大根」の再生および新品種育成へのアプローチ．南九大
　学報　41:37-42, 2011

2）陳蘭（荘）庄・石井修平・田中佑樹・西村佳子・富永寛　宮崎在来野菜「佐土原」
　ナスにおけるRAPD-PCR法による品種鑑別．南九大学報　42:51-55, 2012

3）後藤健治・程内ゆかり・松下恵巳・田中祐樹・西村佳子・石井修平・陳蘭庄　日向
　カボチャの品種改良のための種間交雑に関する基礎的研究．南九大学報43A: 61-65,
　2013

4）中畑裕太郎・田中祐樹・熊本耕平・鉛刈人樹・ト甲園周亮・富永寛・陳蘭庄　集団
　選抜とRAPD-PCR法を用いた宮崎在来野菜'糸巻き大根'の新品種育成．南九大学報
　46:31-39,2016

5）岩本慢衣・後藤健治・芋縄有磨・余野聡一郎　富永寛・陳蘭止　宮崎在来野菜「日
　向カボチャ」の品種改良における育種学的研究―和洋種間雑種後代の自殖法による
　優良系統の育成―.南九大学報　47:115-123,2017

第2章
マクロからミクロへ

屋上緑化を活用した園芸活動実践とその効果

林　典生（准教授）
造園学分野　花・ガーデニング専攻
社会園芸研究室

1. はじめに

　近年、医療・保健・福祉あるいは生涯学習等の分野で園芸活動の活用が試みられている。これは活動への参加者に身体的、心理的及び社会的効果をもたらし、参加者の生活の質（QOL: Quality Of Life）の向上につながると期待されている。しかし、このような園芸活動プログラムの構築についての科学的なアプローチは緒に就いたところである。

　園芸活動を応用した園芸療法は医療・福祉・生涯学習の分野では注目を浴びており、実践活動が行われているがその普及には困難が伴っている。その理由の一つとして、これまで参加者の主観的および体験的な評価に基づいて園芸活動は好ましい効果をもたらすとされ、園芸活動プログラムも勘と経験の中で培われ、実践に供されており、客観的評価に基づいて実践されていない部分が多いことに起因する。

　本研究は、介護付き有料老人ホームＡ（以下、Ａと略す）の利用者を対象に客観的な評価に基づく園芸活動プログラムを構築するために、園芸活動の効果測定を実施した。

2. 屋上庭園を活用した園芸活動実践について

　Ａの屋上庭園を園芸活動現場として実施した。この庭園は「五感で愉しめる庭」として「センサリーガーデン」として設計した。これは「暖

園芸活動実施
の風景

かみと優しさを感じさせる明るい景観デザイン」の建築コンセプトに合
わせてオープンタイプとし、居住者が日常をゆったりと過ごせ、いつで
もあらゆる人を迎えられる環境を形成するために、以下の３つのゾーン
を用いて設計した。

(1)　色と香りを愉しむゾーン：屋上エントランス前面に広がる色とりど
　　りの花や樹木を愉しめる「ウェルカムガーデン」は、カラーガーデン
　　とフレグランスガーデンの２つのエリアで構成している。

(2)　木陰と陽だまりを愉しむゾーン：庭園の中央部にあり、会話や出会
　　いを愉しめるくつろぎの「シッティングガーデン」として、庭全体を
　　眺められるように設定している。

(3)　味と手ざわり（形）を愉しむゾーン：入居者の趣味的なガーデニン
　　グ活動や療法的なリハビリ運動等の環境を備えた「アクティブガーデ
　　ン」はフルーツガーデン、サラダガーデン、レイズドローン（立ち上
　　がり芝生）の３つのエリアで構成して、７箇所のレイズドベッド（立
　　ち上がり花壇）を配置している。

　Ａにおける活動は園芸活動ボランティア団体Ｂの協力を得て、週１
回、１回に付き45分間の活動を実施した。なお、園芸活動は軽介護度
グループ、重介護度グループおよび認知症グループの３グループにて実
施し、１グループに付き利用者が20～30名、ボランティアが10～15名

で実施した。また、2～3名の職員が付いた。活動は利用者、家族等の関係者および職員から育てたことのある植物や育てたい植物等の活動に関する要望を受けた上で、「センサリーガーデン」を中心に入居者の部屋近くのバルコニーやレストロビーで、花や野菜の栽培および利用を中心にした活動を実施した。

Aの屋上庭園の造営にあたり、大阪府からの屋上緑化に関する助成金を受けた。また、屋上緑化を活用した園芸活動で公益社団法人都市緑化機構が主催する屋上・壁面・特殊緑化技術コンクールに入賞した。

3．実践の効果について

Aの屋上庭園を活用して、合計40名の認知症高齢者の利用者を対象にした園芸活動実践の効果に関する研究について紹介する。1週間に1回のペースで、午前中1時間程度の花や野菜、観葉植物の一連の栽培を基本とし、播種や育苗から管理作業を経て、収穫までの植物の生長を一緒に関わる作業を行うとともに、収穫した野菜を用いた料理や押し花づくりおよびポプリづくりも含めた加工を取り入れた活動を3カ月にわたり実施し、評価した。

一般的に、介護が必要な高齢者にとって施設生活は、住み慣れた環境から新しい環境に移り住むことで主観的な混乱を招き、また、同じ生活を繰り返す施設生活は、そこに住む高齢者の活動意欲を低下させ、無気力になりがちにさせる。また、集団生活内での人間関係によるトラブルが生じやすいため、そのことから消極的になるために、認知症高齢者が徘徊や暴力等の二次症状を出しやすくすると考えられている。

本研究を実施した結果、認知症高齢者が園芸活動を行うことは、認知機能の改善に影響を与えなかったものの、二次症状の改善が見られた。ただし、活動終了後1カ月後ではその改善が見られなくなった。活動中における日常生活の様子を観察すると、徘徊や暴力行為が少なくなる等の行動の改善や周囲との会話内容が食い違う等のコミュニケーションの

低下を抑える可能性が示された。これは園芸活動により、認知症特有な行動障害が軽減できる可能性を示した。しかし、活動を中止すると悪化する傾向が見られるため、なぜこの傾向が見られるのかについてはさらに調査し、この傾向を予防する手だてを明らかにする必要がある。

　このように、園芸活動実践で認知症高齢者に良い効果が得られることが明らかになった。今後は活動現場との協働に基づき、更なる園芸活動実践と検証を積み重ねることで、しょうがいや年齢等の違いを問わずに誰もが楽しめる方法を構築する必要がある。

参考文献

　1）林典生ら：認知症高齢者における園芸活動の効果　造園技術報告集5　日本造園学会（2009）PP.178-181

参加者が楽しめる園芸活動方法を探して

林　典生 (准教授)

造園学分野　花・ガーデニング専攻
社会園芸研究室

1．はじめに

　園芸植物と人間との関係を科学的に解明するとともに、その成果を利活用する研究が盛んに行われている。例えば、一面の花畑に観賞する時や、ハーブの香りを楽しんでいる時にリラックスする場合があり、なぜリラックスするのかについて体験者を対象にアンケート調査の実施や気分等の心理検査や血圧・脈拍等の生理計測が行われている。

　さらに、単に眺めたり、植物に触れたりする等の五感への刺激だけではなく、趣味としての園芸活動（以下園芸活動と略す）を行う時の心理的・生理的変化を研究して、参加者が楽しめる園芸活動の方法を見つけるために、評価方法を文献等で検討するとともに、研究に協力できる活動現場を訪ねてお願いした。

　その結果、趣味としての園芸活動を行っている場合における心理的変化を明らかにするために、心理検査用紙 POMS（Profile of Moods State:感情プロフィール検査）の適用を考え、園芸活動前後での心理的影響について調査を実施した。

2．園芸活動の評価方法について

　詳しい研究方法と結果は参考文献１）、２）にて記載されているが、A府B市のコミュニティガーデン参加者を対象に園芸活動時間に関する

コミュニティガーデン
内の花壇

実験を開始する前に内容の説明を行い、合意を得た全体で61名の参加者を対象に、心理検査用紙POMS（以下POMSと略す）を用いた。

　POMSはMcNairらにより1971年に米国で出版され、神経症、人格障害、アルコール依存症等の疾患による感情・気分の変調、がん患者の生活の質（QOL：Quality of Life）、産業ストレス・疲労などの幅広い健康問題の評価に用いられた。その後、POMSは日本語に翻訳されると共に、日本人への適用可能性の研究が行われた。POMSの特徴として「緊張－不安」、「抑うつ－落ち込み」、「怒り－敵意」、「活気」、「疲労」、「混乱」の6項目で分類される65の質問文から成り、対象者に記入してもらうことで同時に測定できる。また、対象者の感情的な反応の傾向（性格傾向）ではなく、対象者に置かれた条件により変化する一時的な感情・気分の状態を測定できるという特徴を持っている。

　6項目の内容は「緊張―不安」は精神の緊張またはリラックスゼーションの程度、「うつ―落ち込み」は気分が暗いと表現されるような感情、「怒り―敵意」は他人に関する攻撃的な感情を含めた自分と他人に対する怒りの程度、「活気」は精神がいきいきして明るいと表現されるような感情、「疲労」は身体的・精神的疲労、「混乱」は精神的安定がないために自信が持てない程度をそれぞれ表す。

　本研究では花や野菜苗をコミュニティガーデン内にある花壇（写真参

表　園芸活動実施時間による心理的効果の差[1]

項　　目	開始前	園芸活動2時間後		園芸活動6時間後	
緊張―不安	10.2 ± 2.92	3.9 ± 1.66	<.01	7.3 ± 2.16	<.05
抑うつ―落ち込み	12.4 ± 4.02	2.9 ± 1.12	<.01	10.9 ± 3.35	NS
怒り―敵意	11.6 ± 3.76	2.8 ± 1.00	<.01	8.5 ± 2.93	<.05
活　　気	26.4 ± 2.23	32.7 ± 2.88	<.01	25.4 ± 3.36	NS
疲　　労	11.6 ± 2.92	3.0 ± 1.93	<.01	11.8 ± 4.02	NS
混　　乱	13.6 ± 3.15	7.7 ± 2.85	<.01	10.3 ± 2.57	<.05

照）への植栽や管理作業を中心とする園芸活動を2時間と6時間の2回ずつ実施し、それぞれの回にてPOMSを活動前後に15分間ずつ記入した。

3．結　果

　まず、2時間の園芸活動実施時における心理的変化を活動前後で見ると「活気」を除く5項目は活動前より活動後の点数が低くなり、「活気」のみ活動前より活動後の点数が高くなることが見られた。これらの変化は臨床的に全項目が良いと判断され、園芸活動が2時間実施すると気分が良い方向に変化することが明らかになった。

　但し、6時間の園芸活動実施した時の心理的変化を調べると、「緊張―不安」、「怒り―敵意」、「混乱」の3項目のみ活動前より活動後の点数が低くなるが、2時間の園芸活動実施時よりも点数が高くなり、気分が活動前の状態に近づいていることが明らかになるとともに、「抑うつ―落ち込み」、「活気」、「疲労」の3項目は活動前と活動後の点数の変化に統計的な違いが見られなかった（表参照）。

　これは6時間の園芸活動の場合、活動時間が長すぎて、疲労感が生じた結果を示しており、園芸活動で気分を良い方向にもたらすためには園芸活動を長時間行わずに、2時間の実施を前提に実施する必要があることが明らかとなった。これは、阪神地域のコミュニティガーデン利用者

108名のアンケート結果でも、活動時間が2時間の利用者が41名と一番多く回答していた。このように活動現場が何気なしに実施している内容が、実は科学的に根拠があることを示しており、活動現場と協働する中で、地域社会に根差した園芸活動実践を支えることに貢献する必要がある。

参考文献

1）林典生ら:コミュニティガーデンの設置・運営に関する基礎研究：第三報 コミュニティガーデン活動の心理的評価について　園芸学会雑誌別冊　園芸学会大会研究発表要旨68(2):（1999）pp.460
2）Norio Hayashi et.al: The Effects of Horticultural Activity in a Community Garden on Mood Changes, Environmental Control in Biology46(4)：（2008）pp.233-240
3）林典生ら：コミュニティガーデン活動の経済的評価法に関する研究―個人トラベルコスト法による活動参加の算出―　農業機械学会九州支部誌56:(2007)pp.19-24

根 の 不思議 な 世界

—— 根の役割と形態・機能の調査法 ——

廣瀬　大介 (教授)

園芸学分野 園芸生産環境専攻
資源植物生産学研究室

1．はじめに

作物の根系（1個体あたりの根のこと）は、作物種や品種によって形態が異なる。また、同じ品種でも環境条件により根系形態は様々に変化する。一方、生育に対しても重要な役割を担っている。このため、根系の形態や機能の研究は、新たな作物の生育特性の解明、あるいは生産性を高める上で重要であると考えられる。本稿では、根系の役割を解説するとともに主な形態と機能（養水分吸収能）の調査方法についても触れる。

2．根系の役割

根系の基本的な役割として地上部の支持、養水分の吸収、さらには植物ホルモンの生成が挙げられる。しかし、近年の研究によって根には老廃物や過剰の無機物を放出する役割もあることが明らかになっている。また、根は葉と同様に呼吸をしている。さらに、作物に有益な菌類を呼び寄せる物質を放出しているとの考えもあり、現在研究が進められている。

しかし、根系を構成する根がすべて同じ役割を担っているわけではない。例えば、トウモロコシの場合、生育が進み、子実が熟し始めると支根が発生してくる。この支根の主な役目は植物体を支えることである。

また、同じイネ科作物の水稲の場合、穂が出来始めると土壌表面に綿毛のような細い根が発生してくる。この根のことをうわ根と呼び、穂の生育のための養水分吸収を行うが、植物体を支えることはできない。一方、マメ科作物の場合、根系は主根と分枝根で構成される。主根の役割は植物体を支えることと生育に必要な養分を蓄えることである。分枝根の主たる役割は養水分吸収であり、植物体を支える役目は、ほとんどない。

　このように根系を形成する根には個々に役割分担があり、それぞれが複雑に関わり合って作物の生育を支えている。

3．根の形態調査方法

(1) 根　重

　これは、乾物重のことを意味する。植物体の生長解析においては有効な手法となる。しかし、根重と根の機能は必ずしも一致しないことも多く、おおまかな発達程度が理解できる程度である。

(2) 直　径

　ノギスか、あるいは顕微鏡とミクロメーターを用いて直接測定する方法がある。しかし、極めて困難な作業となるので根系の一部分のみの測定に限られる。コンピューターを用いた方法はあるが正確さに欠ける。

(3) 根長測定

　根の形態調査を行う上で最も基本的な方法と言える。最も初歩的な根長測定法は、物差しなどで直接測定することだが、膨大な労力と時間を必要とする。この膨大な労力と時間を軽減した方法としてライン交差点法がある。この方法は、まず一定の長さの紐を用意し、方眼紙上にランダムに広げる。そして紐と方眼紙の線との交点数を数えて、この交点数から定数を求める。次に、根を同じ方眼紙上にランダムに広げて交点数を数え、定数をかけると根長が求められる。例えば、紐の長さ30cmで交点数が300であれば、定数は0.1となる。そして、根の交点数が500

イネ科　　　　　　　　　マメ科

図1
スキャナーで読み
取った根の画像

であれば、根長は50cmとなる。しかし、この方法では交点数を数える
のは測定者であるため個人によって差が出やすい。また、方眼紙の格子
があまりにも細かいと交点数を数えるのは容易でない。このライン交差
点法の原理を自動化した器械がルートスキャナーである。この器械を用
いれば測定時間は大幅に短縮できるが、測定用のガラス盤上に根を重な
らず広げるのに時間を要する。また、直径0.1～2mmまでしか測定でき
ない。このため、イネのように細かい根が多い作物では、過小評価され
てしまい、正確さが著しく劣る。

　近年、主流であるのはコンピューターを用いた画像解析法で、この方
法はスキャナーで根の画像をコンピューターに取り込み、この画像か
ら画像解析ソフトを用いて根長を測定するものである。原理はライン
交差点法に基づいている。スキャナーは解像度が変えられるので細か
い根まで測定可能となった。ちなみに解像度300dpiでは1画素の長さ
が0.0847mmであるため太さ0.1mmの根を区別して読み込める。根を正確
にスキャナー上に広げられれば極めて高い精度で長さが得られる。但
し、画像を取り込むにあたり染色しないと正確には読み取れない欠点が
ある。また、スキャナー上に細かなゴミや水滴などがあるとそれを読み
取ってしまい、正確な画像が得られない。

(4) 根数測定

　根数の大部分は、養水分吸収の主器官である分枝根や側根で占められ

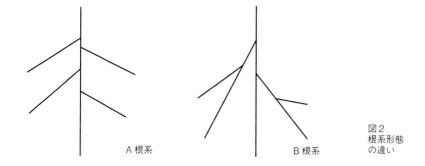

図2
根系形態
の違い

A 根系　　　　　　　　　　B 根系

ている。このため根数測定は根系機能を推定する上で重要と考えられ
る。方法としては、根長と同様にコンピューターを用いた画像解析法が
主流となっている。

(5) フラクタル解析

　図2のようにA根系とB根系では形態は明らかに違う。しかし、共に
根数は5本である。このため根数の測定のみでは、両根系の発達様相は
同じと判断されてしまう。このため、より正確で詳細な根系発達様相を
明らかにするには新たな手法が必要となる。近年注目されているのがフ
ラクタル解析である。フラクタルとは、フランスの数学者マンデンブロ
が提唱した幾何学の概念で、一見複雑で規則性のない形（海岸線、樹冠
など）もよく見ると自己相似性を持っており、この自己相似性を基に複
雑な形のものを数学的に示そうとしたものである。簡単に言ってしまえ
ば、複雑な形の物を数字で示そうというものである。フラクタルはいろ
いろな分野で利用されている。例えば、医学の分野では悪性腫瘍と良性
腫瘍の区別に用いられている。また、植物学の分野では植生回復度合い
を判断するために利用されている。根系形態の解析にもフラクタルが適
用できることが明らかにされている。フラクタルにも様々なパラメー
ターがあるが最も研究に利用されているのがフラクタル次元である。フ
ラクタル次元は、根の複雑さを示す指標で、値が大きいほど根の構造が
複雑であると言える。このフラクタル次元を用いて同じ作物でも品種に

よって根系の構造が異なること、あるいはフラクタル次元は地上部重と密接な関係があることなどが明らかにされている。一方、フラクタル次元が同じでも根系形態が異なる場合があることも示されている。このような場合はフラクタルパラメーターの一つであるラクナリテイーが有効な指標となる。ラクナリテイーは質量の変動係数によって定義される空隙性を示しており、この値が大きいと根がばらついて分布している、つまり根が不均一に分布していることを表している。また、フラクタル次元は、根系の3次元的分布の解明にも利用されている。これらフラクタル解析は、根長や根数の測定と同様にコンピューターを用いて容易に行える。

4．根の機能（養水分吸収能）の調査方法

(1) ペルオキシターゼ活性の測定

　根の α ―ナフチルアミン酸化量によってペルオキシターゼ活性を測る方法。α ―ナフチルアミン酸化量は、根の養水分吸収が活発であると値が大きくなり、逆に不活発になると小さくなる。また、α ―ナフチルアミン酸化力は、根の呼吸速度や窒素吸収量と正の相関関係がある。

(2) コハク酸脱水素酵素活性の測定

　根のトリフェニルテトラゾリウムクロライド（TCC）還元力によってコハク酸脱水素酵素活性を測る方法。主として畑作物で利用される方法で、根の呼吸と密接な関係がある。

　ペルオキシターゼとコハク酸脱水素酵素の値は、試料採取から分析開始までの時間によって値が大きく変動してしまう。さらには、試料採取時の天候や時刻によっても値が変わってしまう。このため、分析を行うにあたっては種々の条件を揃える必要がある。また、一定の傾向を見つけるためには多くの試料を分析する必要がある。

(3) トレーサーを利用した方法

　これは、立毛中の作物傍の土壌にトレーサーを注入して、一定期間後

に茎葉に移行した量から根の養分吸収能を調査する方法。トレーサーには放射性と非放射性があるが、放射性のトレーサーは、取り扱いに注意が必要である上に許可を受けた特定の場所にしか利用できない。非放射性トレーサーは、取り扱いが容易であり、また一般の圃場で利用できる。

　しかし、放射性トレーサーに比べて分析に手間と時間がかかる。また、トレーサーの吸収量は、作物個々や注入場所によって変異が大きいので、分析には多くの個体を要するとともに綿密な計画を立てなければならない。

5. 最後に

　今回紹介した根の形態や機能（養水分吸収能）の調査方法は、現在広く用いられている方法のごく一部である。研究によっては、紹介した方法では適しないこともある。また、根の形態を調査する場合は、それぞれの方法を単独で用いただけでは詳細な発達様相を明らかにできない。

　根の研究をより発展させるためには、今後は単に形態や機能の解明のみに留まらず、生産性向上と絡めた体系的な研究を行うことが必要と考える。

参考文献

1）二見敬三：e．根の活性測定　根の事典　根の事典編集委員会編　朝倉書店（1998）pp.413-416
2）廣瀬大介：2.2草本類の根部の形態・構造ならび根系分布　草地科学実験・調査法　日本草地学会編　全国農村教育協会（2004）pp.45-48
3）巽二郎：根の形態測定法：フラクタル解析の利用　作物の形態研究法—ミクロからマクロまで—　前田英三・三宅博・井上吉雄編　日本作物学会（2008）pp.66-71
4）山内章．b）根の測定形質と形態指標　根の事典　根の事典編集委員会編　朝倉書店（1998）pp.374-375
5）山内章：3）根長の測定法　根の事典　根の事典編集委員会編　朝倉書店（1998）pp.380-382

雑草のバイオコントロール

—— 微生物を利用した雑草の制御法 ——

山口　健一 （教授）

園芸学分野　園芸生産環境専攻
環境保全園芸学研究室

1. はじめに

　世界の雑草は8千種余りと言われ、日本においては農業上の耕地雑草で78科417種が確認され、その数は野菜などの作物種に匹敵する。雑草による作物生産の経済的被害は病気や害虫によるものと同様に大きく、加えて、最近では外来雑草が増え、在来植物との競合など自然生態系への影響も懸念される。

　雑草の防除は、今のところ化学的に合成された除草剤に頼っているが、'環境の保全'や'食の安全'に対する意識が高まり、IWM（Integrated Weed Management, 総合的雑草管理）の導入が図られている。ここでは、その具体的方策の一つとして'バイオコントロール（biological control, 生物防除）について解説する。

2. 雑草の生物防除

　生物を用いた雑草防除では、人による手取り除草に加えて、ヤギなどの哺乳動物、カモなどの鳥類、コイなどの魚類やハムシなどの昆虫類が利用されている。また、最近では、アレロパシー植物や植物病原菌などの微生物の利用も報告されている。このうち、微生物を利用した雑草防除法では、代謝産物を利用する'微生物源除草剤'と、'生きた微生物を利用する'除草方法に大別される。さらに、微生物そのものを用いる

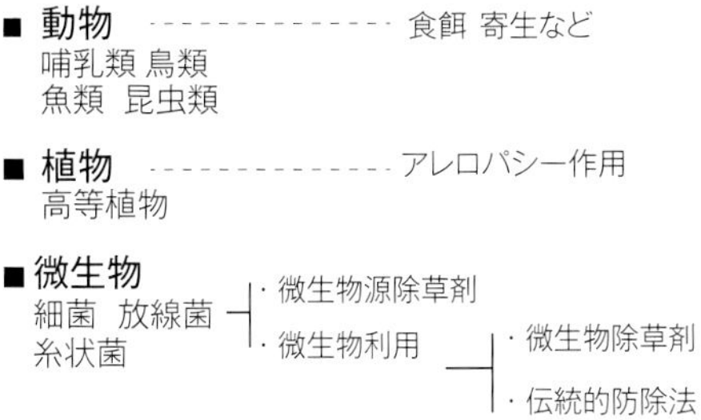

■ 動物　-------------- 食餌 寄生など
　哺乳類 鳥類
　魚類 昆虫類

■ 植物　-------------- アレロパシー作用
　高等植物

■ 微生物
　細菌 放線菌　┬・微生物源除草剤
　糸状菌　　　└・微生物利用　┬・微生物除草剤
　　　　　　　　　　　　　　└・伝統的防除法

図1　雑草の防除に用いられる生物

場合は、'微生物除草剤'と'伝統的防除法'に分けられる（図1）。

　以下に微生物を利用した雑草の制御法について詳説する。

(1) 微生物源除草剤

　微生物由来の代謝産物の農薬利用は、ストレプトマイシンやブラスト
サイジンSなどの抗生物質が実用化に至っているが、微生物を源とする
除草剤の開発事例は殺菌剤や殺虫剤に比べて少なく、代表的なものとし
てはビアラホス（bialaphos）が挙げられる。ビアラホスは、福井県で
採取された土壌微生物である放線菌（*Streptomyces hydroscopicus*）の代
謝産物を起源とし、グルタミン合成酵素を阻害して植物体中にアンモニ
アを蓄積させることにより非選択的な殺草活性が発現する[1]。

　微生物の代謝産物など天然物質から除草剤を見出そうとする試みは、
従来の合成化合物とは異なったユニークな化学構造や作用機構が期待さ
れる。さらに、土壌や水域などの環境中での残留性が小さいなどの利点
もあることから、新たな化学除草剤を創出するための生物資源として、
植物由来のアレロパシー物質とともに今後の雑草防除研究での展開が期
待される。

(2) 微生物除草剤（inundative or bioherbicide approach）

　生きた微生物を用いる微生物除草剤は、'bioherbicide'または
'mycoherbicide'と呼ばれ、特定の微生物を大量に散布・接種して雑草
を枯らし、再び発生したらまた使用する。本格的な研究は1970年代に

表1. 世界でこれまでに実用化した微生物除草剤の事例

製品名	標的雑草	有用微生物	適用作物	開発国
DeVine	*Morrenia odorata*	*Phytophihora palmivora*	柑橘	アメリカ
Collego	*Aeschynomene virginica*	*Colletotrichum gloeosporioides* f.sp. *,aeschynomene*	イネ	アメリカ
BioMal	*Malva pusillae*	*Colletotrichum gloeosporioides* f.sp. *,malva*	小麦	カナダ
Camperico	*Poa annua*	*Xanthomonas campestris* pv. *poa*	芝	日本
Biochon	*Prunus sertonia*	*Chondrosteium purpureum*	森林	オランダ

山口・藤田（2013）一部改変

アメリカ合衆国で始まり、大学と米国農務省、バイオ企業の産官学連携で、柑橘園のつる性雑草ストラグルバインの防除に疫病菌（*Phytophthora palmivora*）を有効成分とする ‘**DeVine**’ が、続いて稲作や大豆畑のマメ科雑草アメリカクサネムの防除に炭そ病菌（*Colletotrichum gloeosporioides*）の分化型菌株の分生胞子を有効成分とする ‘**Collego**’ が製品化された。表1で示すもの以外にも、カヤツリグサ科のキハマスゲの防除に *Puccinia canaliculata*（**Dr.BioSedge**）が、また、南アフリカでは樹木のプランテーションの切り株の再生防止に *Cylindrobasidium laeve*（**Stumpout**）が農薬として使用されている。

　除草剤となり得る微生物は標的雑草のみに殺草活性を持ち、有用作物に対しては病原性をもたないことが望ましい。そこで、宿主の雑草に能動的に侵入（クチクラ感染）できる糸状菌の利用が有効と考えられ、中でも炭そ病菌（*Colletotrichum*）の分化型などの寄主特異性が高いものが多く用いられている。

　微生物除草剤の探索は、野外で雑草の発病群落を探すことから始まる。標的雑草に病気の発生が認められたら、感染組織から病原菌を分離・純化・同定して宿主範囲を実験科学的に検証する。除草剤としての開発ステージでは、①圃場での除草効果確認、②大量培養法の確立、③

生物製剤化、④毒性試験、⑤農薬登録、⑥市場への普及、が必要となる[2]。

　日本の微生物除草剤は、ゴルフ場のグリーン上で発生するイネ科雑草スズメノカタビラを防除する細菌 *Xanthomonas campestris pv. poae* が唯一上市（製品名：キャンペリコ）されている。本菌はアメリカのミシガン州立大学で初めて発見され、日本において除草活性が高く、変異し難い菌系が選抜された。この微生物除草剤は、芝刈りの時に生じる葉の傷口や水孔から受動的に侵入後、導管内で増殖してスズメノカタビラを萎れさせ、1週間程度で雑草を枯らす。本菌の宿主については、芝草や牧草、近縁植物など28属96種201品種に対する接種試験が実施され、同じポア属の寒地型芝ラフ・ブルーグラスのみで軽微な葉枯れが生じることが確認された[3]。

　微生物除草剤の安全性評価は、「微生物農薬の安全性評価に関する基準（農林水産省）」に基づいて実施される。すなわち、安全性に関する基本姿勢は、微生物殺虫剤として先行した土壌細菌を有効成分とするＢＴ剤など他の生物農薬と同様に'段階的な試験方法'がとられるため、化学合成農薬に比べて農薬登録手続きが簡便であることが予想される。

⑶ 伝統的な雑草防除法（inoculative or classical approach）

　除草活性をもつ微生物を人為的に標的雑草へ接種し、感染が成立した後は自然の成り行きに任せて進展させ、数年かけて雑草を減らしていく、いわゆる古典的な雑草防除法がある。これまでに、海外で30を超える実施例があり、寄主特異性が高い *Puccinia* などさび病菌を利用した場合に実用的な防除効果が得られている。伝統的な雑草防除で有効な微生物は、自然環境下で雑草への定着性とその後の伝播性に優れることが重要である。オーストラリアやニュージーランドなど海で隔てられた島国では、外来侵入雑草の防除を目的に、国の主導で天敵昆虫や微生物の移入が実施されてきた。日本でもこの雑草防除法が導入される可能性があるが、移入する候補微生物の宿主範囲や自然生態系における動態、さらには産生する殺草成分など十分な科学的検証が必要である。

3. 水田の雑草防除

　主要作物がイネである日本では、水田が農耕地のおよそ半分を占め、単子葉植物であるイネ科雑草やカヤツリグサ科雑草、双子葉植物に分類される数多くの広葉雑草が発生する。これらの水田雑草を標的とした微生物除草剤に関する研究報告は、公開された特許を含めて数多くある。フィリピンのIRRI（International Rice Research Institute）やベトナム、韓国などでも水田雑草を対象とした微生物除草剤の探索が進められており、国際協力でIBG（International Bioherbicide Group）が組織されて活発な情報交換が行われている。水稲作では、植物病原菌の感染に必要な水が存在することから、水田雑草は微生物除草剤にとって格好の標的と考えられる。

　水田のイネ科雑草であるノビエ（*Echinochloa* spp.）の防除を目的とした微生物除草剤の開発研究が行われている。その多くは、*Exserohilum* あるいは *Drechslera* といった糸状菌の分生胞子を用いたものである。本菌は、タイヌビエ（*E. oryzicola*）やイヌビエ（*E. crus-galli*）のほかにも九州で見られるコヒメビエ（*E. colona*）など広くヒエ属雑草に殺草活性を示し、イネなどの有用作物には病原性を持たないことから、高度な選択性が必要とされる直播栽培での利用も期待され、*Exserohilum* では接

図2. ヒエ属雑草に除草活性をもつ Exserohilum の分生胞子状況

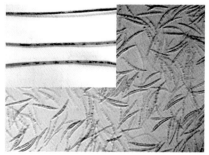

図3. クログワイの除草活性微生物と花茎の病徴（左上）

種源として有効な分生胞子の二段階培養法が確立された（図2）。

　一方、水田の難防除雑草として知られるカヤツリグサ科の雑草クログワイ（*Eleocharis kuroguwai*）の新病害として、1987年に新たな糸状菌が東北の水田で発見された。その後、本菌に感染したクログワイは、地上部が枯死に至らない場合でも翌年の発生源となる土中の塊茎形成が減ずることが検証された。最近、九州においても生育適温が高い同菌の存在が確認されている[4]（図3）。

4. 外来雑草への応用

　近年、国境を越えて人や物資の往来が増え、非意図的あるいは意図的に導入された外来植物が定着し、雑草化して新たな問題となっている。

⑴ 日本から逸出した雑草

　東アジアを起源とする植物の中には、ヨーロッパやアメリカ、オセアニアに逸出して雑草化したものがあり、これら逸出雑草の起源である日本において有望な天敵生物が見出される可能性がある。

　タデ科草本植物のイタドリ（*Fallopia japonica*）は、古くから日本に分布し、海岸や山地の路傍などに生えている。かつては、観賞用としてヨーロッパに導入されたが、現在ではイギリスをはじめヨーロッパや北アメリカなど多くの国で雑草化し、さらにはイタドリとオオイタドリ

図4. 九州で自然発病したイタドリ

図5. 北海道に自生するオオイタドリ

（*F. sacharinensis*）の種間交雑種（*Fallopia* x *bohemica*）も出現して強害化している。イタドリの天敵微生物は、非営利学術団体であるＣＡＢＩ（Center for Agriculture and Biosciences International）を中心に探索活動が実施され、日本においても幾種かの天敵昆虫や有用微生物が分離されている。今のところ日本では、種間交雑種は認められていないが、九州に自生するイタドリ（図4）と北日本のオオイタドリ（図5）の両種に除草活性を示す糸状菌が分離されている[5]。

⑵ 日本へ侵入した外来雑草

　「外来生物防止法（環境省）」の中で規制の対象となる'特定外来生物'に指定された植物の多くは、生育適地が温帯から亜熱帯・熱帯で、温暖な九州・沖縄での定着・雑草化が懸念される。九州南部では、既にヒユ科ナガエツルノゲイトウ（*Alternanthera philoxeroides*）、セリ科ブラジルチドメグサ（*Hydrocotyle ranunculoides*）、サトイモ科ボタンウキクサ（*Pistia stratiotes*）、アリノトウグサ科オオフサモ（*Myriophyllum aquaticum*）などの水生雑草が顕在化し（図6、7）、これら外来雑草の繁殖にかかわる環境要因の解析が始まっている。河川や湖水などの水域では化学物質による水質汚染を回避する視点からも、生物機能を利用して雑草の繁殖を抑制することが望ましく、微生物の利用に期待が高まっている。

図6．ブラジルチドメグサ（左側）と
　　　ナガエツルノゲイトウ（右側）

図7．江津湖で繁殖するボタンウキクサ
　　　とその増殖形態（左上）

5. 今後の展開

　農業において発生する作物の病害虫対策として、合成農薬への過度な依存から脱却を図ったIPM（Integrated Pest Management, 総合防除）が定着しつつある今日、雑草の防除においてもIWMの確立が重要な課題となっている。殺菌剤や殺虫剤の多用によって薬剤に対する耐性を持った病原菌や害虫の出現は知られているが、近頃では除草剤に抵抗性を獲得した雑草も報告されはじめていることから、これらの雑草も微生物を利用した防除の対象と考えられる。

　海外では、選択的な除草活性を示す有用微生物と化学除草剤、あるいは天敵昆虫と微生物を併用した防除試験の成功事例が数多く報告されている。今後は、日本農業の生産性と自然環境の保全を両立できる実用的なIWMの確立を目指して、産官学の相互協力はもとより、農薬学、雑草学、植物病理学、応用昆虫学など作物の保護・防疫にかかわる研究・技術者の協働が期待される。

参考文献

1）橘邦隆：ビアラホス処理植物におけるアンモニア蓄積．日本農薬学会誌（1986）11(1)pp.33-37.

2）Charudattan, R.：The mycoherbicide approach with plant pathogens. In Microbial control of weeds （D. TeBeest ed.）, Springer Boston（1991）pp.24-57.

3）今泉誠子ら：植物病原細菌によるスズメノカタビラの生物防除に関する研究．雑草研究（1999）44（4）pp.2-5.

4）山口健一ら．クロクワイに病原性を示す糸状菌の性状．日本雑草学会第56回大会講演要旨集（2017）p.78.

5）Yamaguchi, K. and Y. Nakamura（2011）Evaluation of indigenous fungi for herbicidal activity against Japanese knotweed and giant knotweed in Japan. Proceedings of the 23rd Asian Pacific Weed Science Conference, Cairns AU（2011）pp.170-174.

見える化 ── 植物ウイルスの診断 ──

菅野　善明 (教授)

園芸学分野　植物バイオ・育種専攻
植物病理学研究室

1. はじめに

　私達ヒトと同じように植物（農作物）も病気に罹（かか）り、生産物の収量や品質の低下を招く。農作物における病気の発生は生産者である農家の収入減はもとより、消費者にとっては作物の品薄や高騰、その他、販売、流通など各方面で大きな影響を及ぼす。低温や日照不足、風水害などの気象条件や土壌・化学物質などの非生物学的な要因も病気（病害）の原因となるが、病気の発生の主要な原因は糸状菌（カビ）や細菌（バクテリア）・ウイルスなどの生物学的ないわゆる病原体（病原菌）である。その大きな特徴は非生物学的要因と異なり、「伝染する」ことにあり、病原体の「伝染」が農作物の被害を拡大させる。歴史上、最も大きな農作物の被害をもたらした事例の一つとして、アイルランドのジャガイモの大飢饉が挙げられる。16世紀にヨーロッパに導入されたジャガイモは欧州各国で主食として食されていたが、1845年アイルランドの栽培ジャガイモに葉が黒ずみ植物体が腐敗・枯死に至る病気が発生した。当時は農薬という概念すらなく、発生した病気の防除対策を講じることができず、この病気が瞬く間にアイルランド全土に「伝染」した。この病気の発生は、ジャガイモ栽培に壊滅的な打撃を与え、ジャガイモの収穫がほぼ皆無となり、人々は飢えに苦しみ、100万人が餓死し、180万人が食料を求め近隣国に移住した。両者を合わせると当時の人口800万人

の35％にあたり、その被害の甚大さを物語っている。発生から遅れること1861年、Anton de Bary（独）はこの病気の原因が糸状菌（カビ）の一種であることを突き止め、病原菌を「*Phytophthora infestans*」と命名した。ギリシャ語で属名の「Phyto」は「植物」、「phthora」は「破壊者」を、種名の「infestans」は「蔓延」を意味し、de Baryがこの病気菌の強い病原力と伝染力を兼ね備えているという恐ろしさを伝えたいとの思いがうかがえる。なお、この病気のわが国でも発生しており、和名はジャガイモ疫病である。

2．植物の病原体　ウイルス

　前述したように植物の主要な病原体は糸状菌・細菌・ウイルスである。de Baryがジャガイモ疫病菌を突き止めた、また、アメリカのBurrill（1878）がナシの火傷病の原因が初めて細菌（*Mycrococcus amyrovorus*）によって引き起こされることを明らかにしたが、これらは顕微鏡の用いての偉業である。糸状菌の大きさはその器官によっても異なるが、100μmの、細菌は数μmのオーダーで、一般的な光学顕微鏡によりそれらの存在の確認、形態の観察が可能である。これに対しウイルスは糸状菌や細菌のように細胞を持たず、動物や植物、さらには細菌や糸状菌の生きた細胞に寄生（依存）しているより小さな病原体である。その大きさはウイルス種・形態により異なるが、nm（ナノメーター）のオーダーであり、世界で初めて発見されたタバコモザイクウイルス（*Tobacco Mosaic Virus*：TMV）は長さ300nm×幅17nmの棒状ウイルス粒子からなり、多くの植物種の病気の原因となっているキュウリモザイクウイルス（*Cucumber mosaic Virus*：CMV）は球形のウイルス粒子からなり、その直径は約20nmである。「nm」の大きさのウイルスは通常の光学顕微鏡では観察できず、ウイルスを「見る」ためには倍率が10万倍を超える電子顕微鏡という「高額」顕微鏡が必要になる（図1）。

　ニュースなどの報道で映し出されるインフルエンザウイルスやエイズ

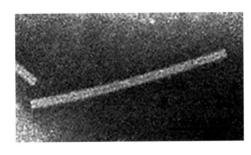

図1
トマトモザイクウイルス（TMV
と同じグループに所属）の電子
顕微鏡写真（宮崎県総合農業試
験場のご厚意により電子顕微鏡
で撮影）　Bar：100nm

ウイルスなどの写真はこの電子顕微鏡によって撮影されたものである。
電子顕微鏡は本体自体が高額であるとともに設置する場所の耐震性や電
力の安定供給が必要であることから、大学や医療機関、国・都道府県な
どの一部の研究機関にのみに設置・利用されているのが現状である。

3．ウイルスの見える化

　動物と植物、どちらにおいても病気が発症・発生した場合、その防除
の一翼を担うのが診断である。正しい診断により発生した病気の原因と
なっている病原体を明らかにすることで、効果的な治療・防除の方策を
立てることができる。ウイルス病の病原ウイルスを明らかにする方法の
一つとしては、病原ウイルスを電子顕微鏡で「直接見る」ことが挙げら
れる。ウイルスはその形態の違いにより、グループに分けられており、
「直接見る」ことにより形態が明らかになると、速やかなウイルス種の
特定が可能となる。しかしながら、電子顕微鏡は「高額」顕微鏡である
ことや操作に高度な技術と経験が必要になることからその利用は限られ
ている。ウイルスを「直接見る」代わりにどうにかしてウイルスを『見
える化』し、より正確かつ簡便にウイルス病を診断する方法として考案
され、現在多くの関係機関で採用されているのが遺伝子診断法と血清学
的診断法である。この２種類の診断方法、ウイルスの『見える化』の成
功はウイルスの構成（構造）を基にしている。前述したようにウイルス
は糸状菌や細菌のように細胞を持たない。ウイルスの本体は極めて単

純・巧妙に構成されており、核やミトコンドリアなどの細胞小器官もなく、DNAかRNAのどちらかの核酸とそれを包むタンパク質（外被タンパク質：coat protein (CP)）のみかならなっている。宿主となる植物細胞に侵入したウイルスは、細胞の代謝系を利用しウイルス核酸とCPを生産・増殖し、細胞や組織の代謝を乱すことにより様々な病気を引き起こしている。このウイルスの本体を構成する核酸あるいはCPを『見える化』することによりウイルス病の診断が可能になっている。

　遺伝子診断法はウイルス核酸を『見える化』する手法であり、その原理の違いによりいくつかの方法が開発されているが、ここでは最も一般的に採用されているPCR法（Polymerase Chain Reaction：ポリメラーゼ連鎖反応）について紹介する。私達の体は細胞が分裂を繰り返すことにより形作られている。細胞が分裂する際には核の中の染色体DNAが正確にコピー（複製）され、新しく生まれた細胞に引き継がれていく。このDNAの複製作業は細胞内に存在するDNAポリメラーゼという酵素によって元のDNAを鋳型として行われる。この複製作業を小さなチューブ内で繰り返し行うことによりDNAを『見える化』させたのがPCR法である。ウイルス核酸を検出・診断する例を以下に述べる。

　先ず、ウイルス核酸を94℃で1本鎖DNAにする（変性）。次に温度を55℃に冷却し、あらかじめ加えておいたウイルス核酸と相補的なプライマーと呼ばれる短いDNAと結合（アニーリング）させた後、72℃に温度を上げDNAポリメラーゼによりDNAをコピー（伸長）させる。この『変性➡アニーリング➡伸長』の反応を30回繰り返すことにより、ウイルス核酸は2^{30}倍＝約10億倍になり視覚化が可能となる。

　もう一つの血清学的診断法はウイルスの外被タンパク質（CP）を『見える化』する手法であり、こちらも原理の違いによりいくつかの方法が開発されている。私達の体内にウイルスが侵入すると免疫が働き、体内で抗体が産生される。この抗体はウイルス外被タンパク質（ウイルスCP）に特異的に結合する性質（抗原抗体反応）があり、これを利

用しウイルスCPを『見える化』したのが血清学的診断法である。ここでは比較的簡易で多数の試料を検定・診断できるDIBA（Dot Immuno-Binding Assay）法について紹介する。

　血清学的診断法を行う場合は診断対象となるウイルスのCPに結合する抗体を作成する必要がある。抗体は精製したウイルスや大腸菌で発現させたウイルスCPを家兎に注射・免疫することにより作成する。DIBA法の手順は先ず診断する植物組織を磨砕し、汁液をニトロセルロース（NC）膜に滴下する。ブロック液でNC膜を処理した後、作成した抗体（一次抗体）で膜を処理する。この時、滴下した汁液にウイルスが存在すると抗体がウイルスに結合する。次に、酵素標識した家兎の抗体に対する抗体（二次抗体）で処理すると、二次抗体がウイルスと結合した一次抗体と結合する。さらに、二次抗体に標識されている酵素と反応する基質で処理すると、ウイルスが存在していた検体は発色し、視覚化される。

４．植物ウイルスの診断：『見える化』の実際

　ウイルスの『見える化』の２つの方法について述べたが、その実際をラナンキュラスのウイルス病の診断例を挙げ紹介する。ラナンキュラス（図２）はキンポウゲ科に属する植物で，地中海性気候の地域に自生する多年草である。現在は品種改良が重ねられ、花壇用，鉢物，切り花にと広く利用されている。宮崎県では冷涼な中山間地域の西臼杵地域を中心に栽培が行われ、その算出額は１億円を超え、今後も振興拡大が期待される花卉品目となっているが、県内の施設栽培ラナンキュラス

図２　宮崎県内で栽培されている
　　　ラナンキュラス

において、葉のモザイクや奇形、すじえそ症状、蕾の奇形などのウイルス性の障害が認められ（図3）、品質・切花収量の低下が問題となっていた。

図3　宮崎県施設栽培ラナンキュラスに発生が認められるウイルス症状
左：モザイク症状、右：すじえそ症状

　南九州大学環境園芸学科植物病理学研究室では、栽培ラナンキュラスにおけるウイルス病防除の一環として発生ウイルスの特定と診断方法の確立に取り組み、ラナンキュラス微斑モザイクウイルス（*Ranunculus mild mosaic virus*：RanMMV)の発生を確認し、遺伝子診断法と血清学的診断法を確立した。図4に遺伝子診断法（PCR法）により、RanMMVを『見える化』した結果を示した。矢印の位置するバンドが『見える化』したウイルス由来の核酸であり、10株中7株においてRanMMVが感染していると診断された。図5は血清学診断法（DIBA法）によりRanMMVを『見える化』した結果を示した。感染葉（V）を5倍希釈したサンプルで明瞭に確認される紫の色の発色がRanMMVのCPを『見える化』したものである。

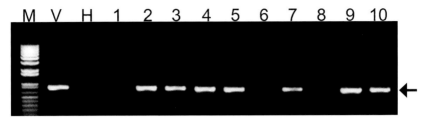

図4　遺伝子診断法による栽培ラナンキュラスにおけるウイルスの『見える化』
M：サイズマーカー，V：ウイルス陽性株，H：健全株
1～10：栽培株　株番号 2,3,4,5,7,9 および 10 がウイルス感染と判定

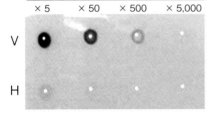

図5
血清学診断法による栽培ラナンキュラスにおけるウイルスの『見える化』
V：ウイルス陽性株、H：健全株　両株の葉を磨砕し得られた汁液を各倍率で希釈し滴下した後、診断を行った。

5．おわりに

　植物ウイルス（病）の診断方法の原理を『見える化』をキーワードに、本研究室で確立したラナンキュラスのウイルスの遺伝子および血清学的診断法を実例に挙げ、簡単ではあるが解説させていただいた。新しい病気の発生は海外からの侵入や病原体の変異、作物の新品種の作出などにより絶え間なく起こる。当研究室では宮崎県内外の植物に新たに発生した病害の原因となっている病原体を学生諸子と共に『見える化』することにより、園芸・農産業の発展に微力ながら寄与できればと考えている。

第3章
お庭の観賞

柳川庭園の土壌環境と庭園木の特性

日髙　英二 (准教授)

自然環境分野　自然環境専攻
植栽環境研究室

1．はじめに

　福岡県柳川市は筑後川と矢部川の河口に挟まれた標高2〜3m程度の低平地に位置する。市内には江戸期から行われた干拓事業に伴うクリーク網が発達し、市内にはクリークの水を利用した江戸末期に作庭された池泉式庭園が点在する。庭園の池泉のほとんどは護岸が空積みの石組みで、近年に池の改修は行われていない。また、市内のクリーク網も一部にコンクリート補強された部分もあるが、ほとんどが江戸期の状態を保っている。柳川庭園は面積が500㎡までの小庭園が多く、最大で1000㎡程度である。地盤と池の水面との比高は100cm以内の低い庭園がほとんどである。多くの庭園において池泉の占有率は10〜20％程度であるが、庭の中央部に位置し、水辺は複雑な形をしたものが多い。また、クリークが沿っている庭園やクリークの一部を池としている庭園もある。

　柳川のように特殊な土壌環境が予想される場所では生育する樹種や生育場所の制限があると思われる。また、長期間生育してきた樹木は土壌環境に合わせた根系発達をし、それが生育状態や樹形に影響を与える可能性も考えられる。土壌および庭園木の調査結果から柳川庭園の樹木の特性をまとめた。

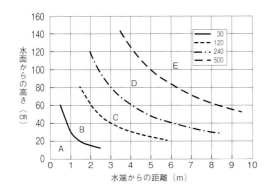

図1
立地乗数曲線による
土壌環境区域

2．柳川庭園の土壌環境

　柳川市内の池泉式庭園で水端からの距離と水面との比高を変えて数点の試孔を設け、土性と水湿状態、根系分布状況等などの土壌環境の調査を行った。柳川庭園の土壌は、土性はほとんど粘土質を多く含む埴質壌土で、クリークや池の水位とほぼ同じ位置で湧水や多湿層が出現し、多湿層はやや埴質が強かった。土壌の受ける水の影響は水面との高さや水端からの距離で異なり、水端からの2.0m以内の低い位置では影響が強く、過湿層の位置が水面より高くなることがある。水面との比高が高く、水端から離れた場所では水の影響はかなり小さい。

　土壌調査において有効土層の厚さや土壌の乾湿が水端からの距離や水面との比高と密接な関係にあったことから、影響の程度を示す値として比高と距離を乗じて立地乗数とし、土壌調査の結果を合わせて、土壌環境を推定して5区域に区分した（図1）。乗数の小さいA域では、水端から近距離で低い位置になるため、表層部から多湿土壌の出現により十分な有効土層を確保できない。そのため、生育樹木にも制限が多い可能性がある。乗数が大きくなるに従い、水の影響は小さくなり、D域になると有効土層は十分で、樹木の生育には支障が無い土壌条件となる。しかし、水端から遠距離・高比高となるE域では、土壌調査で乾燥傾向が

認められたことから、少雨期にはかなり乾燥の可能性がある。柳川庭園の土壌条件はその立地により異なり、特に水湿条件は多湿域から乾燥域まで様々である。

3. 庭園木の樹種と配植の特性

　柳川庭園において13庭園の平板による実測平面図から生育樹種と植栽位置を読み取り、庭園木の樹種特性や配置について検討した。確認された樹種は49科114種で、植栽本数は1425本に達した。常緑樹が55種864本、落葉樹は44種356本で、針葉樹は13種184本であった。高木性または亜高木性の樹種が種数・本数とも約70％を占める。樹種ごとの好む土壌条件を見ると、埴質土壌を好む樹種は少なく、土性を問わないものを含めても本数比で13％に過ぎなかった。また、比較的湿性の土壌を好む樹種は少なく、乾性土壌を好む樹種が多く、その中には生育本数の多いクロマツ・サツキ・ツバキ・ウメなどが含まれていた。根系型で分類すると低木の浅根型と高木の浅根型または中間型の樹種が多かった。柳川庭園の樹種の特徴は高木性の常緑広葉樹が主で、その多くは九州の低山地に自生する樹種であった。入手しやすく、柳川の気候にあった樹種が庭園木として選定されたと言える。土壌条件に対する特性では埴質土壌や多湿土壌への耐性はあまり見られず、根系発達が浅層で、薄い有効土層に適応できる樹種が多い。

　生育数の多い高木性の22樹種で、土壌環境区域別の出現頻度を分析すると、樹種によって生育域に偏りが見られ、次の4つのタイプに分けられた。①水端に近くの有効土層が薄く、過湿になりやすい場所に半数以上が生育する樹種。サザンカ・モチノキ・クロガネモチ・イヌビワ・ムクノキ・クロマツの6樹種で、過湿土壌に対する耐性が比較的高い樹種と考えることもできるが、サザンカやクロマツのように庭園植栽では小型化する樹種は根域が小さくなり、薄い有効土層に適応できる。②生育位置に偏りが小さかった樹種。イロハカエデ・エノキ・クスノキ・サル

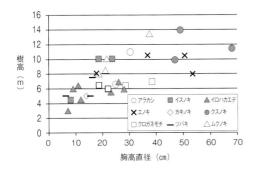

図2
樹種別の樹高と
胸高直径の関係

スベリ・アラカシの5樹種は、土壌過湿となりやすい場所にも生育している が、前述の樹種群に比べると土壌条件の良い場所にも多く生育する 傾向にあった。サルスベリ以外の樹種は自然樹形での植栽が主で、あま り土壌環境に左右されない樹種と思われる。③中庸な土壌環境が主な生 育域となる樹種。モクセイ・サカキ・ウメ・イスノキ・シラカシ・イヌ マキの6樹種で、極端な過湿を嫌い、ある程度の深さの有効土層が必要 な樹種であると考えられ、極端な乾燥はあまり好まない可能性が高い。 ④有効土層が確保でき、乾燥傾向の区域に多く生育する。ツバキ・シュ ロ・ビワ・カキノキ・サクラ類の5樹種で、過湿土壌の出現の可能性が 高い区域には生育は少ないため、土壌過湿への耐性は小さく、十分な有 効土層を必要とする。このような生育場所の偏りは各樹種の土壌環境へ の反応差を反映している。

4．樹種および植栽位置の樹形特性

　樹種や生育位置の違いによる庭園木の樹形特性を知るために、9樹 種（アラカシ・イスノキ・イロハカエデ・エノキ・カキノキ・クスノ キ・クロガネモチ・ツバキ・ムクノキ）で樹形と生育位置の関係を検討 した。ほぼ自然樹形の個体の樹高・直径・樹冠サイズを計測し、生育位 置を水端からの距離と高さを測定した。樹種別の樹形差が明確に出るの は、樹高と胸高直径の関係で、樹木が大きくなると樹種差が顕著にな

写真1
同様の土壌環境
に生育するクス
ノキとエノキ

クスノキ　距離：1.0m　比高：50㎝
　　　H：14.0m　D：49.0㎝
　　　CW：11.0m　CH：10.0 m

エノキ　距離：0.5m　比高：50㎝
　　　H：8.0m　D：53.5㎝
　　　CW：8.0m　CH：6.0 m

る。樹種で樹形の差異が生じる大きさは直径20～30㎝からで、クロガ
ネモチとエノキは上長生長が抑制される傾向が見られる（図2）。生育
場所の土壌環境でみると、エノキは水辺に近い場所に生育する個体が多
く、比較的樹高が高い傾向にあるが、有効土層の薄い場所では樹高が低
くなる傾向にあった。エノキは埴質土壌を好み、耐湿性もあるとされる
が、ある程度の大きさから土壌環境が上長生長に影響を与える可能性が
ある。クロガネモチは全ての生育域で樹高は6m程度で、直径が太くな
っても樹高が大きくならない傾向にあった。上長生長に影響が少ないイ
スノキ・アラカシ・ムクノキ・クスノキは、生育場所の樹形差もほとん
どなく、土壌条件の反応が小さい樹種と言える。

　比較的近い庭園で水路に接して生育していたクスノキとエノキは土壌
条件に対する異なった反応をするため、樹形に反映されていた。直径は
50㎝前後で太さにはあまり差はないが、樹高はクスノキ14mとエノキ
8mで、エノキがかなり低い。樹冠サイズもエノキのほうがコンパクト
で枝の伸長も抑制されている（写真1）。

　クスノキとエノキの根系分布をみると、根系の水平分布はともに広くなるが、垂直分布が若干異なる。エノキは浅根型であるが、クスノキは垂直分布がやや深い中間型で、エノキのほうが有効土層の厚さの影響は少ない。根の分岐や細根タイプをみると、エノキの根系は多岐で細根が密生する傾向にあり、クスノキは分岐が少なく細根が太くて少ない。このことから、根系の垂直分布以外に、根系分岐や細根のタイプが生育状態に与える可能性が高い。その他の樹種で見ると、イスノキは生育域別の樹形特徴が明確にならない樹種である。イスノキは根系の垂直分布が中間型で、水平根の広がりが狭い。有効土層の薄い場所でやや樹高が低いのは水平根の広がりが関係している可能性がある。クロガネモチはすべての生育域で樹高が同様であった。クロガネモチは生長が遅く、強い剪定後の樹形回復が遅れる傾向にあるため、過去の剪定の影響がまだ残っている可能性もある。しかし、本来は適潤性の砂質壌土を好む樹種のため、埴質の強い土壌が上長生長に影響したとも考えられる。

　樹木を取り巻く環境は樹木の生育に大きく影響を与え、生育状態は樹形に反映される。特に土壌環境は、樹木の生育に大きな影響を与えることが多い。土壌条件に対する反応は、樹種で若干の差があり、それは樹種ごとの土壌環境への耐性の生理的特性に関係する。

参考文献

1）苅住昇：新装版樹木根系図説　518-1107　誠文堂新光社　(1987)
2）日高英二・永松義博・西村五月：低平地池泉式庭園の植栽樹種　日本林学会九州支部研究論文集48　17-18　(1995)
3）日高英二：土壌水湿条件から見た庭園木の樹種特性と配置　南九州大学研究報告32（A）29-38　(2002)
4）日高英二・永松義博：柳川市低平地庭園の土壌環境と庭園木の樹形特性　九州森林研究69　145-148　(2016)
5）永松義博：造園雑誌48(4)　268-275　(1985)

「雑木の庭」の発祥

岡島　直方（准教授）

造園学分野　造園緑地専攻
緑地環境情報学研究室

1．はじめに

　「雑木の庭」が、豊富な写真とともに紹介されるようになってしば
らく経つ。2015年の終わり頃、それまでの7年の間に日本で出版され
た「雑木の庭」の写真集の数を調べてみたことがあった。概況調査の結
果は、2008年に1冊、2009年に1冊、2010年に2冊、2011年に1冊、
2012年に2冊、2013年に5冊、2014年に4冊、2015年に3冊であった。
　「雑木の庭」はどのようにして誕生したのだろう。そのきっかけにな
ったと筆者が考える事象をこれから幾つか示していくことにする。

2．国木田独歩による発見

　1898年に、国木田独歩（以降、独歩）が短編『今の武蔵野』（国民之友）
を著した[1]。東京郊外の武蔵野地域に見られる、主に楢の木からなる林
の興趣について文章で描いた。ここで独歩が示した新しい試みは、落葉
林の美しさの指摘であったが、それだけには留まらない。この短編は多
様な読み方を許す。短編であるが情報量が多く、読み尽くすことは困難
である。地誌として、作家の個人的体験として、当時の習俗として読む
ことが可能である。目的地を定めないで林の中に分け入って歩いて行く
という「散歩」の仕方も提示している[2]。そのような有閑階級的なぶら
ぶら歩きは、当時の東京郊外の人々にとって理解の外であったようだ。

　独歩は、郊外の林の景色を文章の力で切り取って何をしようとしていたのか。彼は日記の中で述べる。「ああ、武蔵野。これ余が数年間の観察を試むべき詩題なり。余は東京府民に大なる公園を供せん。」独歩は自分がつくろうとしているものを「大いなる公園」とした。固有の場所にたっていないがゆえに消えることのない公園である。江戸時代には豊富にあったであろう、郊外の楢を中心とした薪炭用の林は、電気やガスといった新エネルギーの登場とともに、実用性の一側面を失っていった。郊外の人口と宅地需要の増加により、そうした林の有していた存在価値の逓減がおころうとしていた。その世相において、林に美的価値という別の実体性があることに独歩は気づいた。その美しさは、それまでの人々が知らなかったものだと独歩は自負する。

　『今の武蔵野』以外の著作物からも、このような「風景」の発見者としての独歩の資質を見出すことができる[3]。

　独歩の持つ私人としての激情は日記において知ることができるが、文筆家としての活動においてはそうした感情は見事に制御され、別の文脈に置き換えられていった。『今の武蔵野』において、楢（なら）を中心とする林の美を彼が見いだすことができたのは、ツルゲーネフの『あひびき』（二葉亭四迷訳）の中の、白樺林の自然描写から学ぶところが大いにあったからであると彼は記している。いわば着想の種あかしをしている。

　しかしそれによって、独歩の独創性や新規性を読み解く道はむしろひらかれる。ロシアのツルゲーネフが白樺林の自然の表情を克明に描く際に役立っていたのは、彼が実際にハンターであったことである。銃をもって林の中に分り入り、いったん林の中に入れば、効果的な場所で身をひそめ、林の中に起こる微細な変化を聴き取らなければならない。獲物を捕まえるために神経を研ぎすませる必要があるからである。そうしなければ自分の身が危険である。ところが、独歩が林の中に入るのは、決してそうではない。であるのに独歩は猟人のように、楢（なら）の林のなかでツルゲーネフの短編の主人公のように「座して四顧して、傾聴し、睇視（ていし）し、

黙想する」。つまり猟人を真似る。独歩は、この方法を動物獲得のためでなく、あくまで楢を中心とする落葉林の中にみられる林の表情の豊かさを味わい尽くすために、純粋な自然鑑賞のために行うのだという構えを示す。先行する文献を明示しつつ、そのテキスト批判によって自らの仕事の独創性を示すというのは、極めて近代的なものごとの進め方のように思われる。ともあれこのようなレトリックを通じて、雑木の庭にとって重要な樹種である楢林の美しさが文章として表明されたのである。

3．徳富蘆花による接近

　国木田独歩と同じ「民友社」に属していた徳富蘆花（以降、蘆花）は、独歩の『今の武蔵野』を早い時期に読んでいたと考えられる。独歩に勧められて書き始めた自然に関するスケッチ（日記）を基に、彼は『自然と人生』という単行本を民友社から出版した。1900年のことである。その単行本の中に、短編『雑木林』がおさめられた[4]。独歩が＜楢を中心とした落葉林＞として示したその林を、蘆花は、＜楢、櫟、榛、栗、櫨などを含み、ところどころ赤松、黒松が突き出た林である＞などとし、それを「雑木林」と命名し、「余はこの雑木林を愛す」と述べた。蘆花は独歩の描写の少なかった、春や夏の雑木の色彩に加えて、秋の林床に見られる植物、虫の種類などについても記した。

　蘆花は単に文学の素材として雑木林を捉えていたのではなかった。後に、彼の実生活の中に確かな存在として雑木林が位置づけられることになる。1906年に、彼は敬愛するロシアの文豪、トルストイの屋敷を訪問した。

　　武蔵野を斗舛で量りばら撒きて
　　なほあまりある 大露西亜の原

　これは、蘆花が、ヤスナヤ・ポリヤナのトルストイ宅に接近していく汽車の中でよんだ歌である[5]。ロシアの雄大な土地の広がりの中には平地林が多く存在しているが、この歌はそのような林を、武蔵野の林と比

較しながら観察する蘆花の視点を、端的に示した歌である。蘆花には敷地内の林の一端にある小屋が貸し出され、そこで彼は５日間過ごした。この小屋は、画家のレーピンなども泊まった場所である。トルストイの屋敷の敷地は412ヘクタールあり、その中には、果樹園、前庭、並木道、池、川、草原などもあったが、その半分以上は林であり、トルストイが区域ごとに特徴ある林となるように管理していた。蘆花が訪問したのは、六月の終わりだったので紅葉を見ることはできなかった。秋に出かけていたら、彼は色彩の鮮明な印象も持ち帰ってくることができたに違いない。５日間の滞在中、蘆花は２箇所で「雑木林」と遭遇している。それは彼の滞在日記に記されている。筆者はその場所を特定しようとし、およその位置を推測した。

　蘆花は屋敷内で、彼自身が「疎林」とよんだ、好ましい林相を発見した。それは白樺や楢の「若木」が存在する林であり、トルストイもその場所の散歩を好んだ場所である。トルストイは文豪であったが、敷地内の緑地管理に積極的に関わっているイメージを蘆花に与えたうえ、「君は農業によって生活するを得ざりや」と問いかけたり、自然から直接インスピレーションを受けることの大切さを主張したりし、蘆花を大いに啓蒙した。日本に帰国した蘆花は、渋谷の東（現山手線内部）の高樹町の借家を引きはらい、そこから6.4km離れた西の郊外へと移り住み、「美的百姓」の生活を送り始める。そのときの彼の家の玄関前には雑木林があった。蘆花の＜ついの住処＞となったその郊外の家は、彼の死後、東京都の公園になった。当時作成された図面[6]に、筆者が2012年に調査したときの現況を書き加えて作成したのが次ページの図１である。彼の住宅への入口は図１中に▲の記号を付けた。その東側には雑木林がある。

４．川合玉堂による移植依頼

　1913年に、日本画家の川合玉堂（以降、玉堂）は、図２に示したよう

図1
盧花恒春園の配置図 （原図[6]）に土地利用の履歴などを加筆）

図2　雑木山 1913年
（東京藝術大学所蔵）

な「雑木山」という絵画を発表した。玉堂はそのあと住む自宅の庭に、雑木を植えることを次々と試みていった。1919年に玉堂は現在の横浜市金沢区富岡に別邸を作り始め、1923年に完成した。そこは全て雑木の庭であったと、大胡隆治は述べている。天災により住宅は喪失したが、現在、その跡は残されており、往時の面影をしのぶことができる。東京都牛込区若宮町に本宅を作ったとき、その「応接室前」に、玉堂は雑木の庭を作ったと大胡は記している。それは1936年頃のことだろうか（吉田五十八年譜より）。1945年には、玉堂は疎開のため多摩郡三田町御岳に移り、そこで「偶庵」という画室を作った。ここで玉堂は、画室前に雑木を運び込ませて庭を作ったという。玉堂は日ごろから膨大な量のスケッチを描いて、自然の姿が頭に入っていたので、いざ絵を描く時には、何も見ないでも頭の中にある自然を構成して完成させることができたという。1913年の「雑木山」も、そのような方法で描かれたものではないだろうか。ここに描かれた通りの山は実際にあったものではなく、創造された風景なのではないかと筆者は考える。玉堂は1947年の

歌集で、

　　　　親しもよ　雑木の林　見の飽かぬ　楢の木むらよ　ここだ移して

　　　　林なす　雑木の庭に　…

と歌った[7]。玉堂の雑木への愛好は、画のモチーフとするだけではすま
ず、庭師に依頼し山から庭に移植してもらうところまで進んだわけであ
るから立派な造園行為である。雑木の庭を作り出した先駆者と言える。

5．飯田十基による作庭

　雑木の庭の創始者と言われる作庭家、飯田十基（以降、飯田）について
の記述が最後になった。飯田の師匠であった松本幾次郎が渋沢栄一邸の
庭を作ったとき、もともとあった雑木林に雑木を補植したのを見た、と
飯田は述べている。1910年頃だという。飯田が独立したのは1918年で
あり、1936年頃から雑誌に写真が掲載されるようになった。飯田の作
品集の目録には、雑木をつかった庭は、1925年にはじめて現れる。

　筆者が実際に見ることができたものとしては旧飯田邸がある[8]。1997
年のことであった。生前の飯田の庭を配慮し、実生植物が生長しないよ
うに管理されていた。筆者が見た頃、応接室前の庭の地面は苔の緑で覆
われていたが、家人によれば、以前は苔を生やしていなかったという。
冬に敷松葉をしていたようだ。そのときはどれほど渋い庭だったことだ
ろうかと頭の中で想像する。苔のおかげで地面が明るい緑色にかがやく
庭になっていた。樹木や石造物が密度高く配置されていたが、私に強い
印象を与えたのは、応接室前のヒメシャラであった。応接室から見る
と、右側の太いコナラ（楢）が前方に傾きながらも額縁効果を示してい
たり、ヒメシャラ越しの東南の段差の下にメグスリノキが植えてあった
りと、意外性を多く持つ庭であった。しかし2011年に取り壊され、今
ではもう見ることはできない。

　飯田が直接作庭の指揮をしたことが明らかな現存する庭として筆者が
確認済みなのは、1960年作のワシントン大学の附属植物園内の日本庭

図3
旧飯田邸の一場面(筆者)

　園である。日本の造園学の創始者とされる上原敬二は、1930年頃から実験的な意味で造園に雑木を用いることを提案しはじめたが、その頃、彼はそれを「天然の庭」、「天然主義の庭園」と呼んでいた[9]。「雑木の庭」という言葉はまだなかった。上原は1936年頃に飯田を知るようになり、1939年頃から「雑木林の庭」という表現を使い始めた。

参考文献

1）国木田独歩：武蔵野　岩波書店　文庫本 71刷（1996）pp.5-29
2）市村操一・近藤明彦：「散歩」という言葉のはじまりと明治時代の散歩者たち
　　東京成徳大学研究紀要　11（2004）pp.91-102
3）岡島直方：国木田独歩『忘れえぬ人々』に描かれた「風景」の性質　南九州大学
　　研究報告　42B（2012）pp.49-59
4）徳富蘆花：自然と人生　岩波書店　文庫本 89刷（2014）pp.64-65
5）徳富健次郎：順礼紀行　中央公論社　文庫本（1989）pp.154-155
6）川本昭雄：蘆花恒春園　東京都公園協会監修・東京公園文庫22　郷学舎（1981）
　　p.41
　　徳富蘆花が見たロシアの林　南九州大学研究報告　46A（2016）pp.105-112
7）川合玉堂：多摩の草屋　美術年鑑社（1996）pp.45-46
8）豊蔵均編：庭 No.210　建築資料研究社（2013）pp.5-32
9）岡島直方：上原敬二による庭園樹木としての雑木に対する評価の形成　ランドス
　　ケープ研究74（5）（2011）pp.399-404

世界に広がる日本庭園

牧田　直子 (講師)

造園学分野　花・ガーデニング専攻
庭園デザイン学研究室

1．世界中で人気の日本庭園

　日本庭園は京都の寺院や東京の大名庭園（文化財庭園）をはじめ、日本各地に造られてきた。日本人が観光するだけでなく、外国からの旅行者も訪れ魅了している。

　この日本庭園は、海外にも造られており、観光スポットとして、あるいは国際交流のシンボルとして存在している。世界中にある公開日本庭園は現在、61ヵ国にあり合計551を確認している[1]。それらの庭園は国や場所も、デザインも、造園経緯も様々である。世界から注目される素晴らしいもの、著名な造園家が造ったもの、中にはこれが日本庭園と言えるのか？と思われるようなものや荒廃しているものもある。日本人が知らないところで、いずれも、造られたその場でその地域の人々に日本庭園として見られているのである。しかしその事実を日本人はあまり知らない。ここでは海外の日本庭園がどのような経緯で生まれ世界に伝播したのか、どのような庭園があるのかを記したい。

2．万国博覧会の日本庭園

　海外に日本庭園が造られたという記録で最も古いものは1873年（明治6）のウィーンで開催された第5回万国博覧会でのことである。明治政府がはじめて正式に参加した万博で、新しい日本を全世界にアピールし

アメリカ
フィラデルフィア博覧会
1876 年当時の様子[3]

なければならないという使命があり、1,300坪ほどの敷地に神社と日本庭園を造り、白木の鳥居、奥に神殿、神楽堂や反り橋が配置され、開園式を兼ねた橋の渡り初めには皇帝・皇后の来場もあり、人気が高かったという[2]。実は日本の万博への初参加は、1867年のパリの万国博覧会で、徳川幕府・薩摩藩・佐賀藩が参加したものである。そこでは割り当てられたパビリオンを茶屋に仕立て、江戸柳橋の芸者が茶をもてなすなどして大いに話題を呼んだという。1876年にフィラデルフィアで行われた博覧会（国内博）にも日本庭園が造られた。鳥居や橋などで構成され、神社に市が立つようなイメージである[3]。江戸時代に約260年間鎖国していた日本では、その間大名庭園など庭の文化が脈々と受け継がれていたが欧米人は知る由もないわけで、万博で見る日本の庭はとても珍しいものに見えたに違いない。1894年のサンフランシスコ博（国内博）に造られた日本庭園は規模も大きく本格的なものであったといわれており、庭園は一般にも公開された。この日本庭園はGolden Gate Park内にJapanese Tea Gardenとして残っており、現存するアメリカ最古のものとなっている。第二次世界大戦までは主に万国博覧会を舞台としてヨーロッパ、アメリカを中心に海外に日本庭園が47造られている。しかし、戦時中を含む1940年代には万博の開催はなく日本庭園の公開の記録もない。ただし、アメリカの日本人収容所内で日本庭園が造られた記録と遺構が見つかっている。

アメリカ、フィラデルフィア
松風荘日本庭園
万博後 1958 年移築、
2007 年再整備
phot by Jeff Fusco, 2016

3．国家交流の日本庭園＜平和のシンボル＞

　戦後1950年以降は再び各国に日本庭園が造られている。1958年、パリのユネスコ本部にイサム・ノグチによる日本庭園が造られた（UNESCO-gardens）。また1959年には、アメリカのシアトル（現 Washington Park Arboretum）に井下清、飯田十基らが大規模な日本庭園を作庭している。1960年にはオーストラリアの首都に日本大使館が建てられ、そこに飯田造園により日本庭園が造られた。戦時中敵国であった日本とオーストラリアが国交を正常化させ経済連携を図ろうとしていた時である。オーストラリア大使館では来客時や宴席の都度、その日本庭園を案内し、日本を知らないオーストラリア人との外交の場として活用された。また、シドニーから西に300kmの内陸にあるカウラという町は、終戦直後に日本人捕虜が脱走し200名以上がその地で命を落とした場所である。その町のあるオーストラリア人の提案から1976年に慰霊のための日本庭園が造られた。資金がなかったため様々な働きかけで日本からの援助金や支援金も得た。作庭は中島健である。巨大な自然石がある広大な土地を活かし、様々な緑の植栽と白と紫の花を配した50,000㎡の美しい日本庭園である。日本で技術を学んだ現地スタッフが管理しており、なかなか定植できなかった桜も今は桜祭りが行われるほどになっている。小さな町の日本庭園は今やオーストラリアを代表する

オーストラリア
カウラ日本庭園
万博後 1958 年移築、
phot by Naoko Makita, 2010

日本庭園となり、国内外から多くの観光客が訪れるようになった。このように戦後は、国を挙げて、あるいは政財界、学識者、著名な造園家らが中心となり国際交流の場、平和のシンボルとしての日本庭園を造った。

4．姉妹都市日本庭園＜友好の証＞

　1956年にアメリカのアイゼンハワー大統領が、People to People Programを提唱する。これにより草の根レベルの交流を促進させ、市民相互の理解を深めることで世界の平和を実現するという取り組みから、アメリカを中心に姉妹都市交流が展開する。日本では1964年に東京オリンピックが行われ、約5万人が訪日、さらには海外への渡航が自由化された。輸出も盛んになり高度経済成長期の日本は世界的に注目されるようになった時代である。市町村レベルでの姉妹都市締結がすすみ、バブル時代と言われる好景気の1990年代に姉妹都市締結数はピークを迎える。海外の日本庭園数も1960年代から徐々に増えるが、姉妹都市締結数と同様に1990年代にピークを迎える。現在確認されている551庭園のうち約半分が1990～2010年に造られており造園理由は姉妹都市を契機としたもの（以下姉妹都市日本庭園）が、551庭園の約1/3、162庭園もある。姉妹都市日本庭園は国別ではアメリカ、オーストラリア、ニュージーランドの順で多くみられ、姉妹都市締結後10～14年に

アメリカ
ポートランド日本庭園
phot by Tetsuya Hosono, 2013

開園となっているものが多い。姉妹都市日本庭園の初期は、1960年代からアメリカに多く造られた。これはアメリカと日本の姉妹都市締結が多いことに起因する。ポートランド市と札幌市は1959年に姉妹都市締結し札幌市が五重塔を寄贈した。これを機に現在のポートランド日本庭園の母体団体が設立され、1963年に日本庭園が開園した。50年以上が経過したポートランド日本庭園は現在、苔むす美しい日本庭園で世界的な評価も高く、年間28万人も来場する人気の庭園である。

　姉妹都市締結記念に日本から灯籠や五重塔などを贈呈したことがきっかけとなり日本庭園が計画された例も多くみられる。日本人が相手国に出向き作庭した事例や、お互いの理解を深めた時点で、姉妹都市提携の周年行事を機に作庭されたもの、両国の市民が協働で作庭することで市民レベルの人的交流をもたらしたもの、現地の人が訪日し造園技術を学び帰国後に現地で作庭や管理をするなど、その内容は様々である。そして日本との友好の証として存在し続けている[41]。

5．海外の日本庭園の取り組み

　海外の日本庭園では、来園促進、ファンづくりなど様々な取り組みが行われている。そのひとつが会員制度である。北米日本庭園協会に所属する14庭園のすべてに会員制度があり、しかも、その会員区分は1種類ではなく最低でも3種類、多いところは15種類に区分されている。

ニュージーランド
ワイタケレ日本庭園
phot by Naoko Makita, 2010

　区分の中で最も多いのは家族会員で14件中９件、その他シニア会員、学生会員などがあり入園料の割引が適用される。植物園に併設しているところは園全体での会員組織となるが、シカゴ植物園は約４万７千人もの会員がいる。日本庭園単独で運営しているポートランド日本庭園でも5,500人以上の会員がいる。これらの会員に向けて各庭園ではイベントなどを頻繁に行い、会員サービスの充実に力を入れている。アンダーソン日本庭園やデンバー植物園ではロックコンサートが行われていた。またポートランド日本庭園では会員だけが入園できる時間を設定し、混雑を避けゆったりと庭園を楽しめるという特典がある[5]。さらに、会員だけではなく一般に向けて、結婚式の会場として案内しているところも数多くあるのも海外の日本庭園の特徴といえよう。橋や灯籠の前で記念写真を撮る姿など、ホームページでＰＲするところもみられる。

　どの庭園も Japanese garden あるいは日本の姉妹都市名がついた庭園で、現地では友好の証として存在し続けている。100年以上前から造られている海外の日本庭園は、日本庭園史の中で一つの潮流となったといえよう。2016年の首相官邸政策会議では「明日の日本を支える観光ビジョン」がとりまとめられ、その中で、「日本の伝統文化への理解を深めるため、海外日本庭園の再生プロジェクトを実施」という項目が盛り込まれた。海外の日本庭園を適切に保全、再生し日本に関心を寄せさ

アメリカ、ハワイ
リリウオカラニ友好庭園
Queen's Festival, 2017
phot by
Friends of Lili'uokalani Gardens

せ来日観光客の増加効果を期待するという政策上のねらいがある。平成29年度からは、海外の日本庭園の整備事業がはじまった。整備も大切であるがその存在意義を改めて問うこと、運営基盤の健全化も重要であると考える。今や国際交流もその成果を求められる時代となったわけで、海外の日本庭園は海外の人々の日本への理解を深めるという漠然としたものだけではなく、どのように活用されどのような成果を出しているのか、今後どうあるべきかも重要であると考える。今後も益々研究を深めていきたい。

参考文献

1）鈴木誠、服部勉、牧田直子、2012, 海外の日本庭園をめぐる近年の動向, 日本庭園学会平成24年度全国大会研究発表資料, pp.33-35
2）国会図書館, 2010, 1873年ウィーン万博,国会図書館電子展示会（http://www.ndl.go.jp/exposition/, 最終アクセス2017年6月25日）
3）Lancaster Clay, 1983, The Japanese Influence in America, Abbeville Press, p.207
4）牧田直子、服部勉、鈴木誠, 2015, 海外の姉妹都市日本庭園の歴史と日本側自治体から見た現状と課題, 日本造園学会vol78（5）, pp.483-486
5）牧田直子、服部勉、鈴木誠, 2013, 北アメリカの日本庭園にみる会員制度の現状, 日本造園学会平成25年度関東支部大会研究発表資料, pp.76-77

第4章
造園技術と教育

実学教育における庭園文化の国際交流
—— 上海交通大学農業与生物学院の日本庭園 ——

関西　剛康（教授）
造園学分野 造園緑地専攻
造園計画研究室

1．実学教育50年の伝統は海外へ

　実学を重視した教育が、環境園芸学部50年の伝統として脈々と継承されている。造園学分野においては社会環境が快適となるよう、庭園・都市緑地や公園などを調査・研究し、そして計画・設計・施工・維持管理ならびに運営するための知識と技術を修得するような実学教育をポリシーとして実施してきた。このポリシーは世界的にも認知され始め、多くの卒業生が海外に活躍の場を移し、海外の大学においてもこの教育スタイルを取り入れていこうとする事例も現れている。例えば、本学が協定を締結している上海交通大学農業与生物学院もその1つである。

2．南九州大学による海外での日本庭園の作庭

　平成16（2004）年9月、南九州大学の面々は上海交通大学農業与生物学院を訪問し、両大学の教職員と学生達による造園学術交流活動が始動した。その相互の信頼と友好が深まった平成21（2009）年5月、両校の学術交流を推進するための「日中造園関係学生の交流と共同設計に関する合作協定書」が取り交わされ（写真1）、国際的視野に立った幅広い見識と実践的技術力を有する人材を育成することを目的に、両大学の庭園文化教育の交流が始まった。

　当時、本学高鍋キャンパス内に整備されていた学生制作による展示庭

写真1
協定書の締結
（2009.5.9　上海交通大学）

園の見学を機に、実学の重要性を認知した上海交通大学側は、平成22
（2010）年5月に上海交通大学農業与生物学院のキャンパス内に、日本
の庭園文化の紹介と理解を深めてもらうことを目的に、日本庭園のモデ
ルガーデンを制作することを決定した。上海市内にはこの時、まだ日本
庭園は作庭されておらず、最初の日本庭園の作庭ということであった。

　これは両大学の学術交流でもあるため、南九州大学側の学生が庭園プ
ランを作成し、枯滝・枯流れ・枯池の一連の水系を表現した伝統的な技
法を用いた枯山水を提案し、上海交通大学側がそれを承認した。南九州
大学側で詳細な計画・設計を行った後、それに基づいて庭園材料は上海
交通大学側で準備され、施工は開始された。

　同年10月には、日本側から筆者を含めた教職員と学生達の5名が上
海市に赴き、上海交通大学側のスタッフならびに上海市内の造園会社と
共に、枯山水で最も重要な石組みの施工を実施した。施工現場で、景石
の向きや据える位置等は筆者を中心に熟慮し、大型クレーンによって、
こちらの指示通りに据え付ける作業を行った。この時、枯滝組はダイナ
ミックで、緊張感があるように景石を据え、それが下流の枯流れ、枯池
へと向かうに従い、穏やかな景色となるよう景石を据えた。このような
自然環境の景色を象徴的に表現していくのも、日本庭園の伝統的な石組
技術であるが、この日中合同による実地作業から学ぶ技術交流は両大学

写真2 日本庭園の施工（2010.10.26）

写真3 庭園施工中の記念撮影（2010.10.26）

写真4 完成した日本庭園（2011.5.8）

写真5 完成した日本庭園（2011.5.8）

にとって、学生の国際的視野を広め、専門分野における知識や技術をより深化させた貴重な体験となり、絆も深まった（写真2、3）。この結果、調和のとれた日本庭園が誕生し（写真4、5）、翌平成23（2011）年5月に完成式典が催された。

3．南九州大学による海外での庭園文化交流

完成後の平成23（2011）年9月、前年に作庭した日本庭園の高水準な管理手法の指針を作成し、造園技能交流ならびに教員の学術交流を図るため、教職員と学生らで構成する派遣団により、交流事業を実施した（写真6）。上海交通大学側の学生の反響は非常に大きく、特に南九州大学側の学生の発表からは、設計図面におけるデザインの精度、実学教育

写真6　両大学の造園技能交流（2011.9.28）　　写真7　両大学の造園技能交流（2017.3.8）

内容（計画・設計のみならず、施工や管理についても修得）に驚きを得たという点、また技術交流からは、道具の使い方に精通し、自主的に動く学生の姿に感銘を受けたとの報告を受けた。これは南九州大学の実施してきた造園教育プログラムが評価されたものであり、同時に今回の交流プログラムの内容が適切であったことを示唆した。

　平成29（2017）年3月にも、上海交通大学と南九州大学との継続的な交流事業を実施（写真7）しており、今後も両大学の絆がさらに深まることが期待されている。

参考資料

1）南九州大学ホームページ、上海交通大学日本庭園制作報告（http://www. nankyudai. ac.jp/news/kankyoengei/post-133.html，最終アクセス2017.7.11）
2）南九州大学ホームページ、共同製作の日本庭園の完成式典（http://www. nankyudai. ac.jp/news/kankyoengei/post-156.html，最終アクセス2017.7.11）

21世紀初頭の英国王立キュー植物園における「日本の伝統的庭園技術を用いた今日的庭園展示」の意義

関西　剛康 (教授)

造園学分野 造園緑地専攻
造園計画研究室

1．王立キュー植物園での展示庭園への取り組みについて

　平成13（2001）年5月19、20両日、ロンドンのハイド・パークでの20万人余が参加した「祭り」を皮切りに、全英で日本文化紹介事業「英国における日本年 Japan 2001」関連の多数の催しが、平成14（2002）年3月まで開催された。本事業の一環として、王立キュー植物園（Royal Botanic Gardens, Kew：以下RBG Kew）では、その主要な催しとして、日本の社団法人ランドスケープコンサルタンツ協会との共催で「日本の伝統的庭園技術を用いた今日的庭園展示 "Past Traditions, Tomorrow's Designs"」と題した6つの日本式の庭園を、平成13（2001）年5月25日から9月末日までの4カ月余の間、園内に展示を行い、一般公開した。

　筆者は、この展示庭園を手掛けた派遣デザイナー6人の1人として、そのテーマ・デザイン・計画・施工監理に至るまでを担当した立場から、6つの展示庭園とこの取り組み全体の意義をここに紹介する。

2．"Past Traditions, Tomorrow's Designs"について

⑴ 今日的庭園展示の趣旨

　明治6（1873）年のウィーン万国博覧会で、最初に日本庭園が海外で造られて以来、海外において文化交流を目的に、国際園芸博覧会の催し

写真1
サイトNo.5（関西剛康　作）

　の場や友好都市等に多くの日本庭園が造られ、その姿を通して伝統的な
日本文化の紹介がされてきた。しかし、これらの日本庭園は完成された
伝統様式の美を伝えるには充分であったが、作庭された国側の現代生活
に応用できるような個々の技法を提供する観点は不足気味であった。
　本事業ではこの点に着目し、世界的に日本庭園の関心が高まっている
最中、特に欧州では注目となっている日本の伝統的庭園技術の粋を、ハ
イレベルなRGB Kewの関係者ならびに来客者に対して、庭園施工の段
階から一般公開し、日本の伝統的な庭園の様式美に固執することなく、
英国の一般家庭にも応用できる日本の伝統的な庭園技術や手法を駆使し
た姿を提供しようとする試みを実施した。これにより一般の英国人に日
本庭園の根底に流れる「自然と共生する思想」に触れてもらうことで、
日本文化への真の理解を深めることを目的とした。

⑵　日英の庭園デザインの融合を目指した試み

　今回の日英の庭園デザインの融合について、まず筆者の作品であるサ
イトNo.5の庭園（写真1，2）を紹介しよう。この作品では、伝統技術を
再構築した庭園デザインを試みており、庭園テーマの主な方針は、「①
動と静」「②伝統と現代」「③東洋と西洋」の3つを設定した。
　「①動と静」は、「静かに観賞する庭園」と「散策しながら楽しむ庭
園」の共存性を表現し、それを基本的な庭園構成とした。庭園には心静

112

写真2　サイトNo.5 （関西剛康　作）　　　　写真3　サイトNo.1 （中島寛久　作）

かに観賞するための視点場としての縁台と藤棚、それに座禅石を庭園の
添景として設け、そこから庭園全体を静かに観賞できる座観の場を形成
した。また広いサイト内を飛石伝いに回遊し、近づいて植栽を観賞し、
匂い、または触ってみる楽しさも演出した回遊式の動線を設定した。そ
して日本の茶庭の空間構成にみられるように、狭い敷地でも樹木越しに
「見え隠れ」する技法を応用することで、実際の空間より広く見せるよ
う構成した。周辺には景石・池（枯池）・延段・蹲踞を配して、歩くこ
と・観ることの楽しみの向上を図る装置を回遊路周辺に配置した。
　また「②伝統と現代」は、基本的に枯山水様式を模した池泉回遊式と
して表現した。枯山水様式は本来、実際には水を用いないで「水」を想
像させる日本古来の庭園技法である。また本来の枯山水の意味は、禅宗
芸術による自然崇拝の思想の象徴として表現されたものであった。しか
し、ここでは枯山水のもつ美的な構成を用いて、現代の英国に活かせる
庭園として再構築した。つまり、英国伝統の水彩画のように、白砂を水
彩画の白色のキャンパス自体と見立て、そこに色彩豊かな絵の具のかわ
りに花々の美しい彩りある地被類や低木を植栽することで日英文化の融
合した新たなる庭園美の表現ができるものと考えた。
　そして「③東洋と西洋」は日英両庭園の調和を考え、現代の英国人が
実際に親しんでいる植栽と日本庭園に用いられる植栽とを併せた植栽デ

写真4　サイトNo.2（古家英俊　作）

写真5　サイトNo.3（三浦景樹　作）

写真6　サイトNo.4（荒川淳良　作）

写真7　サイトNo.6（椎名和美　作）

　ザインとした。これら植栽は、白・青・黄色の寒色系の色調の草花を中心に、中木にノムラモミジやシャラノキ類を植栽し、英国の一般家庭でも、実際の生活に潤いと楽しみが得られるように考慮した。

　他5名のガーデンデザイナーによる庭園デザインも、日英の庭園デザインの融合を目指した斬新な試みであった。例えばサイトNo.1（写真3）は、縮景庭園様式を用いながらもシンプルな「生花的植栽」の明るいイメージとすることで一般的な英国庭園にも現代的に調和するような植栽手法を試みた。またサイトNo.2（写真4）は、「見え隠れ」の手法を現代的な素材であるアクリルパイプを竹林のように「見立て」た表現とすることでモダニズムな解釈としており、コンテンポラリーアートの領域まで庭園デザインを昇華させた。サイトNo.3（写真5）は、現在的な問題である資源の再利用と水循環のエコシステムとして庭園をデザインすることで自然との共生を現代的に解釈し、枯木に美を見出した「わび」

写真8　皇太子徳仁殿下の
行啓訪問（2001.5.24）

「さび」を表現しようとした。サイトNo.4（写真6）は、英国人にも理解
できるように伝統的な坪庭を再解釈して現代風にデザインした庭園を表
現し、同様にサイトNo.6（写真7）は、英国と日本の茶庭をモチーフにそ
の庭園文化を融合させたデザインをした。

　このように、今までの日本の庭園様式の技法をそのまま展示するの
ではなく、この展示庭園では「共生」や「調和」「融合」などをテーマ
に、現在の英国でも一般的に活用でき、受容しやすい庭園デザインを展
示しようとした。

3．海外に影響を与えた日本庭園の技術

　平成13（2001）年5月23日に展示庭園は完成した。翌24日はRGB
Kewの関連行事開会式に先立ち、「英国における日本年Japan 2001」の
御公務で渡英中であられた日本の皇太子徳仁親王殿下が行啓訪問をさ
れ、庭園を親しくご見学いただき、筆者は庭園のご説明をさせていただ
いた（写真8）。

　6つの展示庭園は、このような国際的な事業の計画面積としては小規
模であったが、英国の都市空間ではこの規模の庭園面積が一般市民の暮

写真9　タイムズ紙（2001.6.2）

　らしに一番結びついたものであったため、より多くの関心を得られる結果にもなった。この日本の伝統技術の再解釈となった展示庭園は、英国においても心休まる空間を提供したことを実感すると同時に、日本の伝統的庭園技術に内在する「共生」の文化を英国の一般庭園に導入できるアイデアやヒントを提供し、実体験できる機会となった。

　この展示庭園は、多くのメディアに取り上げられた。6月2日掲載の英国の有力紙であるタイムズ紙（THE TIMES）には「ガーデンを通しての交流は日英両国の文化交流に非常に効果的であり、両国が引き続き理解を深めることを祈念する」との記事が掲載されていた（写真9）。

参考文献

関西剛康：英国王立キュー植物園における「日本の伝統的庭園技術を用いた今日的庭園展示」の経緯とその意義　南九州大学研究報告40A（2010）pp.99-109

フランス式庭園の奥義 —— 350年前の造園技術 ——

平岡　直樹（教授）

造園学分野 造園緑地専攻
地域景観学研究室

1．庭園の池の水面が傾いて見える

⑴ 水面は水平

　私たちは、地球上において、あらゆる水の水面が水平であると考えている。地球の重力が水に働いて地面に引っ張るため、水が最も安定する姿勢が水平である。もちろん、広い海を眺めるとわかるように、水は丸い地球表面に沿っているため、厳密には水平ではなく・・ほぼ水平といえる。その水面は水平であるという私たちの常識を揺さぶるような池が存在する。

⑵ リュクサンブール公園メディシスの泉

　フランスの首都パリ６区にあるリュクサンブール公園は、イタリア・フィレンツェの名門メディチ家の出身で、フランス国王アンリ４世の妃であり、後の国王ルイ13世の母であるマリー・ド・メディシスの居城リュクサンブール宮殿付属園として1612年に造園されている。担当したのは、ジャック・ボワソーというフランスの著名な宮廷庭師である。

　現在、宮殿の建物はフランス元老院（上院）議事堂として使用されている。庭園部分は公園として公開されて、憩いの場として大勢のパリっ子たちに利用される。観光名所にもなっていることから、多国籍の人々でにぎわっている。敷地は、約22.5haの広さを持ち、うち21haが公開されている。パリ市内では、４番目に面積の広い公園である。

写真1
リュクサンブール公園メディシスの泉
池の水面が奥に向かって下り傾斜に見
える

　メディシスの泉は、その公園の北東の端にある。1630年頃にマリー・
ド・メディシスは、フィレンツェ出身の水理技師トマソ・フランチーニ
に命じ造らせている。当初はリュクサンブールのグロットと呼ばれてい
たようである。19世紀のオスマンの都市改造の折に位置変更や大改造
が行われ、現在の姿となった。池の正面にそびえる高さ15.5mのモニ
ュメントにはセーヌ川と支流のマルヌ川をあらわす像があり、中央に
マリー王妃の紋章がかたどられている。池の大きさは長さ44m、幅8m
ほどである。池をはさんでファサードまでの距離は約55mである。

(3) 庭園の池の水面が傾いて見える

　池の袂に立つ者は、水面を見たとき思わぬ衝撃を受ける。「水面が傾
いている！」。水面が正面に向かってゆっくりと傾き、ファサード下に
吸い込まれていくような不可解な状況を見てしまう。理性では、水面は
水平なはずなのだが、傾いて見える（写真1）。

　これは、水面が傾いているのではなく、周囲の地盤のほうがファサー
ドに向かって登っているためである。水面と池の護岸の高低差は、測っ
てみたところ、手前では約19cm、奥では約139cmである。奥に向かっ
て傾斜角度約1.6°（約2.7％）の傾斜がついている。護岸の高さとの相
対的関係から水面が傾いて見える錯覚現象が起こっているのである。

　メディシスの泉は、リュクサンブール公園の豊かな木々に囲まれ、春
には若葉色、夏には青葉色、秋には紅葉色と季節の姿を映しだす美しい

鏡の泉水で一見の価値がある。水面が傾いて見える錯覚は、フランスの世界遺産ヴェルサイユ宮殿庭園のディアナのニンフの泉水でも生じている。是非、実物を訪れて確認してほしい。

2．大きさの錯視と庭園

⑴ 大きさの錯視

　「大きさの錯視」というのをご存じだろうか。「エビングハウス錯視」とも呼ばれ、相対的な大きさ知覚に関連する錯視の一種である。同じ大きさの円が２つあり、それぞれ大きな円か小さな円で囲まれている図で

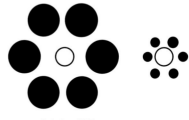

大きさの錯視
２つの○は全く同じ大きさである。
しかし、左側のほうが小さく見える

示される。前者の円は小さく、後者の円は大きく知覚される。この錯覚が生じないように補正した庭園が存在する。

⑵ ヴォー・ル・ヴィコント城庭園

　ヴォー・ル・ヴィコント庭園は、フランス幾何学式庭園の最初の事例と言われる。完成度が高く最高の模範との評判で、欧州の造園界の中心がイタリアからフランスに移動する契機となった。この作庭手法はヴェルサイユ宮殿庭園に引き継がれた後、世界中に影響を及ぼした（写真２）。

　ヴォー・ル・ヴィコント城は、フランス・パリの南東約55kmにあり、ルイ14世の財務長官ニコラ・フーケの居城として17世紀中期に建設された。庭園の整備は、1653年頃フーケによる造園家アンドレ・ル・ノートルの雇用とともに本格的に開始され、1661年のフーケの逮捕まで続けられた。その後庭園は荒廃するが、1875年、砂糖精製で富を成したアルフレッド・ソミエに買い取られた後に修復が進み、以後子孫が管理を行っている。敷地面積は500ha、そのうち70haが城館と庭園で占められている。春から秋にかけて一般公開され、往時に近い庭園の姿を見ることができる。

写真2
ヴォー・ル・ヴィコント城

写真3　左階段の1対のライオン像　　　　　写真4　右階段の1対のライオン像

(3) 大きさの錯視効果の庭園利用

　ヴォー・ル・ヴィコント城の運河の南側には斜面をくり抜いてグロットが設けられている。グロット両脇の階段のそれぞれ1対のライオン像は、外側の方を大きくしてある（写真3、4）。左階段下のライオン像は、左が高さ約176cm、右が144cm、右階段下はそれぞれ147、182cmであり、32〜35cmの差異がある。これは控え壁のすぐ前に設置される外側の彫像に対して、親柱の上に立ち周囲が空いている内側の彫像が大きく見えすぎないように配慮するためである。ル・ノートルは、「大きさの錯視」の概念がまだ発見されていない350年以上前に、大きさを変えることによって同じ大きさに感じさせる高度な視覚技術を実践適用しているのである。

　ヴォー・ル・ヴィコント城は、他にもたくさんのトリックの適用や見

写真5　お化け坂（高松市屋島）

所がある玄人好みのフランス式庭園である。是非、実物を訪れて確認してほしい。

3．お化け坂と庭園

(1) お化け坂

「お化け坂」というのをご存じだろうか。例えば、四国の香川県高松市の屋島ドライブウェイには不思議な坂がある。車を走らせていると、普通の上り坂に見えるが、たとえ車のギアをニュートラルにしてタイヤに動力を伝えなくても車が坂を上り始めるのである。道路脇には「ミステリーゾーン　上ってる　下ってる？」との看板さえ立てられている（写真5）。

　もちろん上り坂を車が勝手に上るわけではなく、錯覚である。学術的には「縦断勾配錯視」と呼ばれる。屋島の事例では、延長約200ｍの傾斜角度5°（9％）のやや急な下り坂に引き続き、延長約160ｍの傾斜角度1°（2％）の緩やかな下り坂が続いており、真ん中で中折れた道路となっていることから、後半の緩やかな下り坂が上り坂に見えるという錯覚が生じている。また、周囲が自然風景であり、傾斜角度の基準になるような建物などがないのも人間の判断を鈍らせている。この縦断勾配錯視が起こっている庭園が存在する。

写真6　ヴェルサイユ宮殿庭園

(2) ヴェルサイユ宮殿庭園

　ヴェルサイユ宮殿庭園は、フランス幾何学式庭園の代表作であり、世界で最も知られた庭園の一つである。1682年にフランス国王ルイ14世が建てた宮殿（当初は離宮）で、パリの南西22kmに位置するイヴリーヌ県ヴェルサイユにある。庭園は1661年頃に建設が始まり、ルイ14世が亡くなるまで続いた。造園担当は、アンドレ・ル・ノートルである。1979年に世界文化遺産に登録されている。

(3) 縦断勾配錯視効果の庭園利用

　ヴェルサイユ宮殿庭園の眺望場所は、宮殿内の鏡の間からも良いが、おすすめは庭園下部の眺望が開けたラトーヌの泉水上のテラスである（写真6）。ここからは、3つの傾斜角度の違った平面が見える。最も手前には、ラトーヌ泉水下の平場と左右の芝生地、その向こうには王の散歩道（緑の絨毯）の芝生地、最奥には大運河の水面である。

　これら3つの平面の地盤の傾斜角度は、上から下るにつれて段々傾斜角度が緩くなり、最後の大運河は水面なので傾斜角度0°である。つまり、2回の「中折れ」がある平面の連なりとなっているのである。お化け坂を思い出してほしい。どう見えるだろうか。縦断勾配錯視の効果により、大運河の水面が手前に向かって跳ね上がって見えるという非常に印象深い見え方の視覚効果が生じているのである。これは、国王ルイ

14世が求めた永遠性に答えるような主軸線上の先に強い飛翔感を生むと同時に、延長1,650mもある大運河を身近に引き寄せ、親密性を醸し出す効果も発揮している。造園家ル・ノートルは、「縦断勾配錯視」の概念がまだ発見されていない350年以上前に、水平面を上り坂に見せるという高度な視覚技術を実践適用しているのである。このような凄腕が、「王の庭師にて庭師の王」と呼ばれるゆえんである。

　大勢の観光客でにぎわうヴェルサイユ宮殿庭園は、ほかにも見所がふんだんにある。是非、実物を訪れて確認してほしい。

参考文献

1）平岡直樹：タンレ城庭園におけるパースペクティブの緩化手法について　平成26年度日本造園学会九州支部研究・事例報告集（2014）pp.11-12.
2）平岡直樹：ヴォー・ル・ヴィコント庭園における造園家ル・ノートルによる視覚効果の創出技術　日本造園学会誌ランドスケープ研究79（5）（2015）pp.397-402.
3）平岡直樹：ヴェルサイユ宮殿庭園における視覚効果の創出技術　平成28年度日本造園学会九州支部，研究・事例報告集（2016）pp.11-12

第5章
自然のなかの生物

昆虫の生活史研究のこれから

新谷　喜紀 (教授)

自然環境分野　自然環境専攻
昆虫生態学研究室

　生活史とは、生物が個体として誕生してから死ぬまでに経験する一連のイベントのことを言う。昆虫なら、卵から幼虫が生まれる孵化や蛹や成虫への変態など発生の面から見たものもあれば、季節的な移動、集団の形成、餌や交尾相手の探索など行動の面から見たものもある。昆虫は地球上の様々な環境に適応した結果、全動物で最も種数が多い分類群となっており、その生活史も多様性に富んでいる。

　日本で昆虫の生活史の研究が隆盛を極めていた時代があった。生活史の中でも、特に季節適応に関する研究は、以前のような勢いがなくなりつつあるとしても依然として日本が世界でナンバー・ワンかもしれない。日本の国土は広くはないが、南北に長く様々な気候帯に及ぶため、分布が広い種では生息地の気候の違いに応じて生活史に種内で変異が見られる。これが研究者の興味をかき立てるという背景があったのだろう。

　現在生物学全体を見渡すと、遺伝子レベルで生命のしくみを解き明かす研究が主流となっていることに異論の余地はない。「新しい遺伝子を見つけその機能を調べる」、「ある生命現象のカギになっている遺伝子を特定する」というようにである。遺伝子レベルの研究における技術革新はめざましく、年々少ない時間や費用で研究を進めることができるようになってきている。目的を理解して行わないと意味をなさないのはもちろんだが、基本的な実験が誰にでも簡単にできる時代になりつつある。

　昆虫の生活史を見ると、各個体にはいくつかの発生上の運命の分かれ目があることに気がつく。生物の運命は、親からの遺伝とその個体自身が経験した環境によって決まると言ってよいだろう。個体間で遺伝的に違いがないのに、形質（習性や形態）に違いが現れた場合は環境要因が影響したことになる。逆に同じ環境で育って形質に違いが出たのならそれは遺伝的な違いが原因ということになる。ここで注目したいのは前者である。昆虫の形質には環境条件によって全く違ったタイプになるものがある。あらゆる形質に当てはまることではないが、思い浮かべやすい例はたくさんある。クワガタの角の形の違い、チョウの翅の模様の季節的な違い、アブラムシの翅の有無、バッタやカマキリの体色の違い……。これらはみな、温度や日長、餌、個体群密度などの環境要因によって生じた違いである（遺伝的な要因も関与していないとは言いきれないが）。もっと顕著な例として、西アジアやアフリカで時折大発生するサバクワタリバッタでは、高密度で生育すると色やプロポーションだけでなく、集団で大移動するようになったり食性が変わったりすることが知られている。適応的な意義がわかりにくいものもあるが、とにかく昆虫には環境によって姿や習性を変えるものが多いのだ。

　このように環境要因によって発生プログラムが変化しうることを「表現型可塑性」という。少し難しく言うと、「遺伝子型が同じでも、環境条件によって遺伝子の発現（どの時期にどの遺伝子がどの程度働くか）が調節され、異なるタイプになりうる性質」となる。昆虫は表現型可塑性を研究するための手ごろな材料だと見ることができる。

　昆虫が環境情報をどのようにして遺伝子発現の調節に反映させるか──おそらくたくさんのステップがある──を解明するのは決してたやすいことではない。しかし、先にも述べたように、遺伝子レベルの研究は決して敷居が高いものではなくなった。発生プログラムのスイッチになる遺伝子が見つけられるかもしれない。昆虫を使った研究の蓄積によって生物の環境に対する適応のしくみが一般化され、それが人の体の

しくみの解明に役立つ可能性もある。昆虫の生活史研究は人に役立つのだ。

参考文献 ―――――――――――――――――――――――――

1）正木進三・竹田真木生・田中誠二（訳）：生態進化発生学―エコ・デボの夜明け
東海大学出版会（2012）436pp. [Gilbert, S. F. and Epel, D.：Ecological Developmental
Biology, Integrating Epigenetics, Medicine, and Evolution (2009) 400pp.]

偶然見つけた昆虫の性比異常

新谷　喜紀（教授）

自然環境分野　自然環境専攻
昆虫生態学研究室

1．ハスモンヨトウ

　昆虫学の研究室では、実験材料とする昆虫を飼い続けていることが多い。冬でも高い温度に保たれている恒温室があれば、累代飼育が可能である。このようにして飼育している昆虫から、思わぬ発見をすることがある。ハスモンヨトウという小型のガは、幼虫（芋

ハスモンヨトウの成虫（左：オス、右：メス）

虫）が各種の野菜や花を食害する大害虫である。成虫はよく灯火に飛来し、オス・メスは翅の模様で区別できる。メスは一度に数百個の卵をまとめて産むので、しばしば庭や畑で幼虫が大発生する。市販の人工飼料を用いて幼虫を飼うことができるなど累代飼育が簡単なので、実験や実習にも使い勝手がよい。研究室で幼虫を肉食昆虫の餌として重宝していたこともある。ハスモンヨトウは日本本土に定着している昆虫ではなく、毎年初夏に南からの風に乗って海を越えて九州などに飛んでくる。しかし、その後晩秋まで数世代かけて増殖するものの冬になると寒さのせいで死滅する。越冬できずに死んでしまうのなら最初から南に留まっていればよいのにと思うかもしれないが、季節的に移動・分散すること

ハスモンヨトウ幼虫の人工飼料育

で分布拡大に成功してきたので、この習性が淘汰されずにきたのであろう。

２．性比異常の発見

　さて、本題に入ろう。2015（平成27）年の９月上旬、南九州大学のフィールドセンターの職員の寺尾美里さんが、都城キャンパス内のある温室で大量発生していたハスモンヨトウの幼虫を採集して研究室に持ちこんできた。別に珍しい虫でもなんでもないのだが、寺尾さんは研究室の卒業生でもあり、この虫が便利なことを知ってのことだったのだろう。受け取った時には蛹になっており、その約50個体を飼育ケースの中に入れて研究室の片隅に置いておいた。約１週間後、羽化したガの成虫を見て驚いた。なんと全個体がメスであった。

　昆虫の性比がメスに偏る現象は、この30年ほどの間に世界各国の研究グループによって色々な昆虫で報告されている。昆虫以外でもダンゴムシでメスばかりになる系統が発見されている。報告された性比異常は、通常はオス・メス両方がいて交尾をして繁殖する種を累代飼育する際に、どの親が産んだ子なのかを記録しながら飼育していると、ある親の子がメスばかりなのに気がついた、というものである。温室にいたハスモンヨトウが全部メスだったのは、１匹の性比異常系統のメス成虫が

温室に侵入して産卵したからだと考えれば説明がつく。このハスモンヨトウの性比異常系統を研究室で維持したいと思ったが、メスばかりだと子を産めないので、この異常に気がついた日の夜に大学から1kmほど離れた自宅の電灯に来ていたオスの成虫を2匹採集してメスばかりのケースに入れた。50匹近いメスのうち7匹が子を産んだ。これを飼育したところ、やはりどのメスの子も全てメスであった。交尾に使ったオスは適当に採集したものなので、どうやらメスに偏った性比となる性質は、メスを通して次世代に受け継がれるらしい。ハスモンヨトウほどの世界的大害虫で性比異常系統を手に入れることができて誇らしい気分になった。その後、2017年の夏まで2年間で20世代近く累代飼育してきたが、この性比異常は続いている。この系統を維持するには、交尾に使うオスを得るために正常系統も飼育する必要があり、苦労も2倍である。いや、稀な性質を備えたハスモンヨトウがたまたま都城に降り立ち、自分たちが偶然それを手に入れたのだと考えると、ロマンにあふれていて楽しみが2倍なのだ！

3．性比異常の原因は？

　この性比異常現象の本質について何も触れてこなかった。メスばかりになることの生物学的な意義やそのしくみについて疑問に感じる人も多いだろう。性決定様式はヒトも昆虫も基本的に同じであり、受精卵として個体が誕生した時点で、性染色体の構成によって遺伝的な性は決まっており、普通ならオスとメスの割合は1：1になるはずである。

　ハスモンヨトウの性比異常は、他の昆虫における先行研究でも明らかにされているように、ある種の細菌の働きによるものらしい。それは、ハスモンヨトウでも抗生物質を混ぜた人工飼料を与え続けると性比異常が完全に消滅したからである。細菌といっても、個体同士が物理的に接触して感染が広がるようなものではなく、もともと宿主（この場合、ハスモンヨトウ）の細胞内で何らかの役割を担っていた共生細菌が突然変

異を起こして、宿主の繁殖を操作するように進化したちょっと変わった類のものである。残念ながら、紙面に限りがあることや、正式な論文としては未発表ということもあり、どのようにして性比異常が引き起こされるかについて、これ以上詳しいことは話せない。今後は、この材料を使って、昆虫だけに限らず生物におけるオス・メスとは一体何なのかに迫るような研究がしたいと思っている。

参考文献

1）陰山大輔：消えるオス：昆虫の性をあやつる微生物の戦略 (DOJIN選書)　化学同人 208pp.〔2015〕

地球温暖化 と 昆虫

新谷　喜紀 (教授)
自然環境分野　自然環境専攻
昆虫生態学研究室

1. 地球温暖化による昆虫の分布拡大

　地球温暖化は、生き物に様々な影響を及ぼしている。中でも注目されるのは、低緯度にしか生息できなかった動植物が高緯度に分布を広げていることである。日本には種々の外来生物が侵入し定着している。単に海が障壁となって侵入できなかったものが、物流に紛れ込んで南の方から侵入しただけのこともあるらしいのだが、分布拡大の原因が温暖化であることが確実な種もいる。南九州大学のある南九州は、東南アジアや南西諸島から侵入した昆虫が、日本本土に広がっていく中継点に位置する。南九州では次々と新しく侵入した昆虫が見つかり、中には農業や園芸に大きな被害をもたらすものもいる。適正な防除法の確立のためには生態に関する基礎的な情報が不可欠であり、このような意味でも飼育実験や発生調査は欠かせない。私たちの研究室ではこれまでに種々の南方性侵入害虫の生態について調べており、その中の一つを紹介する。

2. キオビエダシャク

　キオビエダシャクという南方性のガがいる。幼虫（毛虫）は庭園木として生垣などに利用されているイヌマキの葉を暴食する。成虫は濃紺色の地にオレンジ色の太い帯の模様のある美しい翅を持つ。ガ類としては珍しく昼行性である。東南アジアなどの熱帯や亜熱帯に自然分布してい

キオビエダシャクの成虫

キオビエダシャクの幼虫（飼育）

たが、数十年前に沖縄など南西諸島に侵入して定着し、2000年代前半には鹿児島県から宮崎県南部にかけて侵入してきた。九州へどのような経路で侵入したかは不明だが、その発生量は著しく多く、街を見渡せばどの方向にも飛び交う成虫が目に入った。民家のイヌマキにはおびただしい数の幼虫が発生し、地面にはその糞が堆積して層が形成され、急いで農薬を使って駆除しないとすべてのイヌマキが食い尽くされるという状況であった。本種は50年以上前にも南九州に侵入したがその時は短期間で途絶えたという。しかし、今世紀に入ってからの発生は10年近く続いた。南方性の昆虫なので、冬の寒さに耐えられるかどうかが定着のカギになっていると思われるが、この半世紀の温度上昇によって越冬できるようになった可能性がある。事実、都城市では2011年春からこの虫が激減したのだが、その直前の冬は久々に寒さの厳しい冬だった。また、冬の温度が都城市よりも3℃ほど高い宮崎市では、2011年以降もしばらく大発生が続いたことから、冬の温度が定着可能性に大きな影響を及ぼしていることがうかがえる。

3．昆虫の生活史と休眠

　季節的な環境の変化の大きい温帯の昆虫は、適応機構の一つとしてその生活史の中に休眠を進化させた。昆虫の休眠は、哺乳類の冬眠とよく

似ており、脂肪などのエネルギー源となる物質や低温から身を守る物質を蓄え、代謝を抑え、あるステージ（卵、幼虫、蛹、成虫のいずれか）のままで発育を停止させている状態である。種によって休眠するステージは決まっている。温帯の多くの昆虫は冬に休眠するのだが、その休眠は秋のようなやや低い温度や短い日長を経験することで誘導される。1年に2世代以上を経過する種では、休眠を経験する世代としない世代が存在することになる。これは、経験する環境条件によって休眠・非休眠のどちらの発生プログラムを経るかが決まることにほかならない。南方性の昆虫には休眠を進化させていない種が多い。それは、1年を通して温かく餌が豊富なら、休眠する必要がないからである。このような昆虫では、冬でも幼虫から蛹になったり蛹から成虫になったりと発育が進む。しばしば南方性害虫が侵入先で1年中発生を続けるのはこのためである。

4．生活史調節機構の不適合

　キオビエダシャクの季節適応について調べてみると面白いことがわかった。都城で12月上旬に土中から成虫が羽化するところや1月や2月に成虫が飛んでいるのを目撃したことがある。冬に成虫が出現し繁殖するようなガがいないわけではないが、本種の成虫が冬に活動するのは決して適応的なものではなく、九州では繁殖することなく死滅しているに違いない。このように考えると、本種は休眠を持たない典型的な南方性の昆虫かと思われた。しかし、色々な温度や日長条件下で飼育してみると、亜熱帯の冬に相当する条件では、幼虫や蛹の発育速度が極めて小さくなることがわかった。このことは、亜熱帯といえども、冬に成虫に羽化すると適応的にマイナスがあるので羽化しないしくみになっていることを意味している。南九州で冬に成虫が羽化するのは、温度や日長の季節的変化が本来の生息地とは異なるためこのしくみが機能しないからだろう。

　温暖化によって'寒さの壁'が取り払われ、生き物にとってより高緯度に分布できる確率は増すのだろうが、本来持っていた環境適応のしくみが新しい生息地に適合したものに進化しない限り定着が難しいケースがあるだろう。この鮮やかなガはそれを雄弁に物語っている。

参考文献

　1）桐谷圭治・湯川淳一：地球温暖化と昆虫　全国農村教育協会（2010）347pp.
　2）積木久明（編）：地球温暖化と南方性害虫（環境Eco選書）　北隆館（2011）236pp.

里山のクマタカ

北村　泰一 (教授)

自然環境分野　自然環境専攻
緑地保全学研究室

1. はじめに

　諸般の事情から、学外の原野・湿地・干潟などを這いずり回る機会が
それまで以上に多くなった。外に出て自然と接する機会が多くなるほ
ど、野生動物と出会う機会もそれまで以上に多くなった。ウサギやイノ
シシ、アナグマ、シカの群れとの出会いは枚挙に暇がない。でも、野外
で自然と接する機会が多くなれば、野生動物と出会う機会も多くなると
いうことが全ての人に当てはまるかというと、そうでもないらしい。野
外に出かけても、全く野生動物に出会ったことがないという人も多いと
いう。

　そういう人たちと比べると、市房山で背丈ほどに伸びたススキをかき
分けての登山中、気づけば鼻汁が飛んでくるほどの距離まで近づいた雄
ジカに突然遭遇したり、断崖絶壁を縫って走る霧中の林道でイヌワシと
バッタリ出会ったりしてきた私は、一応は人並みに野生動物との出会い
を体験してきたと思う。もちろん、私以上に野生動物との貴重な出会い
の体験をお持ちの諸兄もいらっしゃることは重々承知している。

　持続可能な自然環境との関係構築を目指す者のひとりとして、かつて
体験した野生動物との出会いとその顛末について、この場をお借りし拙
論として報告したい。自然との向き合い方の参考になれば幸いである。

2. 出会い

　都城キャンパスから車で１時間半ほどの地区にある、とある里山近く
の林道をひとり歩いていた、秋の日のことだった。樹冠に包まれた林道
に沿って、前方から大型の鳥が音もなく飛来してくるのが見えた。翼と
尾に描かれた縞模様から、それがクマタカであることに気づくのはたや
すいことだった。それにしてもデカいっ！　体長は70㎝程度、両翼を
広げた両翼長は150㎝は超えていた。タタミ１畳が空に舞っているよう
だった。そのクマタカがなぜか私の頭の真上の枝に舞い降りた。私の頭
からクマタカまでの距離は２ｍもない。みなさん、想像してみてくださ
い。自分の頭上２ｍもない木の枝に、柴犬に翼をつけたような大きなク
マタカが止まっているのですよ！　ハリー・ポッターの世界ではなく。

　あまりに突然の予想だにしない出会いだったので、どう対処すべきか
思考の整理がつかず、私は身動きひとつせず立ちすくんでいた。野生の
クマタカが、なぜ、こんなに間近に近寄ってきたのか？　私に気づいて
いるのか？　よもや私を獲物と認識して、私を狩る気ではあるまいか？
……様々な思いがこみ上げてきた。この出会いはクマタカにとっても思
いもかけぬ事態だったのだろう、クマタカもまた対応に窮していること
が肌で感じられた。でも両者の間に緊張感はなかった。こちらが危害を
加えないことがわかれば、少なくとも九州の山に生息する野生動物は人
間を襲うことはなく、相手が危害を加える人間かどうかは彼らも本能的
に察知することは、これまでの野生動物との出会いで体験してきたこと
だ。だからこの時も、緊張感や危機感よりも、むしろ信頼感にも似た不
思議な一体感を感じたものだ。いま、ここで私が動けば、クマタカは飛
び去ってしまうのであろうことが、寂しく思えたほどだった。

　お互いが対応に窮して、固まったまま身動きひとつせず、時間が過ぎ
ていった。とにかく写真を撮ろうと、そぉーとリュックからデジカメを
取り出し、まるで自撮りをするような体勢で頭上付近を撮影した。シャ

高台からの定点観察

ッター音が鳴り響くと、この時が区切りとばかりに、やはりクマタカは飛び去っていった。日本の生態系の頂点に立っているのが猛禽類だ。森林性の猛禽類であるクマタカは森林生態系の頂点に君臨し『森の王者』ともよばれている。畏れ多くも森の王様に、こんな間近で謁見できる機会を賜った自分の野生生物との縁の深さを、あらためて再認識した。

　と同時に、いくつか疑問が湧いてきた。森林性の猛禽類クマタカがなぜ人里から遠くはない里山に姿を現したのか？　このクマタカはこの里山に定住しているのだろうか？……。その翌日から、リュックを背に双眼鏡を首に掛けた出で立ちで、私の里山通いが始まった。定点観察、ラインセンサスを繰り返しているうちに、クマタカが出現する大まかな範囲がわかってきた。その後は、クマタカが出現する頻度が高い範囲近傍の高台からの定点観察も繰り返し、出現するクマタカの飛行ルート、飛行距離、クマタカまでの距離などを測定・観察し続けた。しかしこの時点では、あの時に出会ったクマタカとの関連は不明であった。

3. なわ張りと営巣地

　高台からの定点観察を繰り返していると、クマタカの飛行ルートはあるエリアに集中していること、そしてそのエリア内のある地点を目指して飛行することが多いことがわかった。いったいこのクマタカ（達？）はどこを目指して飛んでいるのか？　地図上に描いた飛行ルートはエリ

138

ア内のひとつの谷筋に向いていた。そしてその谷筋は、あのクマタカと出会った地点から500mも離れてはいなかった。九州でのクマタカの生息密度を考慮すれば[1]、飛行を観察し続けてきたクマタカは、あの日出会ったクマタカと関連がある可能性が高まった。出会いの日から1年あまりが過ぎていた。このクマタカを、観察に同行し続けた女子学生の名前をお借りして『カノン』と呼ぶことにした。いったい、カノンはなぜこの谷筋を目指して飛んでいるのか？　そもそもカノンはオスなのかメスなのか？

　その答えの手がかりを、カノンが向かっていた谷筋の対岸からの定点観察を始めて2カ月あまり過ぎた頃に見つけた。その谷筋の斜面では、それまで以上にカノンの姿を目撃することが多かった。ある時は上空を波状飛行し、ある時は斜面のスギの木のてっぺんに止まっていた。そのあたりがきっと巣なのだろうと探し続けたが、それらしきものは見つからなかった。カノンも対岸から観察する我々に気づいているだろうから、たとえ巣があったとしても警戒して、そうたやすくは巣には近づかないだろう。そう考え直し、カノンの止まり木から50mほど離れた斜面に双眼鏡を向けた時だった。驚いた。照葉樹と思しき樹冠が、あたかも洞窟のようになっている空間があり、その中にペンギンのように頭を上下に動かし左右の翼膜をバタつかせている生き物が見えた。ヒナ鳥だった。体長はもう40〜50cmになろうとしていたが、羽は生え揃ってはいないようで、全身は幼毛に覆われ白かった。

　カノンは子育て中で、カノンが目指していた場所はヒナが待つ巣だった。巣は眼下に沢が見下ろせる見通しのよい斜面にあった。定点観察している対岸からでも、沢を横断するイノシシやニホンザル、シカを目撃することがあったから、カノンはここを横断するウリ坊や子ザルも獲物としている可能性が高い。人通りのあるスギ造林地から10mも離れていないところに営巣していたが、カノンは周辺植生よりも地形要因等を重視して狩りのしやすい場所に営巣しているようであった。営巣中のカ

カノンが棲む谷筋

巣立ち間近？のヒナ、わかりますか？

ノンのなわ張りは、巣を中心とする半径3kmほどの範囲で、一部は人里に重複し、スギ伐採跡地も狩場として利用していた。

　そして、意外な形でカノンの里山での狩りを目撃することになる。

4.　里山での狩り

　その日もいつものようにカノンの谷に定点観察に向かった。朝、人里から200mほど山に入った地点で、林道わきに一匹の老いた白い猫が上流に向かってヨタヨタ歩いているのを見かけた。その時は大して気にもかけずその場を通り過ぎ、上流の観察地点に向かった。約3時間後、上流での観察を終え林道を下り、カノンの巣の対岸斜面あたりにさしかかった時だった。視界が開けた林道の切土法面の中腹に、朝見かけた老い猫が丸くしゃがみこんでいた。朝見かけた地点から1kmは離れている場所だ。あれから3時間かけて、この老い猫はここまでヨタヨタ歩いて登って来たのか。その猫が飼い猫であることは明らかで、我々に気づくと弱々しくニャーと一声鳴いた。猫は自らの死期を悟ると身を引くよう

に姿を消すと、聞いたことがある。この老い猫も己の死期が近いことを悟り、死に場所を求めてこの斜面までたどり着いたのだろうか？ 我々はその老い猫を連れて帰ることもできず、「ご苦労さん……」とねぎらいの言葉をかけ林道を下った。そして、30ｍほど歩いた時、カノンが谷筋に沿って眼光鋭く私の眼前を一直線に通過し、老い猫がしゃがんでいた斜面目指して飛んでいった。カノンは老い猫の上空で２度旋回し老い猫の状態を見定めた後、急降下し老い猫に襲いかかった。

　飼い猫ブームの昨今、山中で死期が近づいた老い猫を見たと話せば、多くの人は老衰のうちに自然に意識が遠のく安らかな最期を想像するだろう。だが、人前から姿を消した老い猫に、静かな老衰死が訪れてほしいと願うのは、人間の感傷からだけなのだ。自らの死が近いことを悟った猫が人里から姿を消し、森の中で最期を迎えようとしても、その最期は他の獣に捕食されることによってとどめを刺されることが多いのかもしれない。たとえ飼い猫であろうと、人前から離れ里を離れて森に入った時から野生の中に放り込まれるのだから、その最後は強者が弱者を捕食する「自然の理」に従うのは至極合理的で当然のことなのだ。命尽きようとする者をしっかりと見極め、一切の無駄を排除しようとした、あの時のカノンの眼差しは鋭く澄み切っていた。

5.　カノンの生き方が示すもの

　カノンがペアでいるところを見たのは２度だけだった。おそらく子育てに追われ、交代で狩りに出ていたからなのだろう。だから雌雄が判別でき個体識別できるまでは、このエリアで見かけるクマタカは、オリンピック選手の言葉ではないが「パパでもカノン、ママでもカノン」と呼ぶことになる。カノンのヒナは、誕生から１年後、一応飛行できる程度には成長したが、その後も巣の近辺で生活している。この先、いつ頃どのような形で巣立ち・子別れが訪れるのか、そしてカノンは今後もこの里山で営巣するのか、興味は尽きない。

　森の王者とは呼ばれながらも、カノンは森に定着し森に棲む生き物だけを捕食しているのではない。人里裏の伐採跡地も狩場として利用し、人里から脱落した命も無駄なく捕食するなど、ある意味では人間生活圏を巧みに利用している側面がうかがえる。山深い山村での飼い猫の捕食例の報告はあるが[2]、都市近郊の里山でのこうした事例は極めて稀ではないかと思われる。クマタカなどの猛禽類はアンブレラ種とされる環境指標種で、広大な面積と多様な生息環境要素を必要とする種といわれているが、森林定着種で絶滅危惧ⅠB類のクマタカであるカノンがなぜ都市近郊の里山になわ張りを持ち子育てができたのか？　この答えは、これからの持続可能な人と自然とのつながりのあり方を探っていく上でのひとつの手掛かりにもなるだろう。

　今回の観察の舞台となった里山では、カノンのように1年を通じて日本に定着している猛禽類のほか、季節的に渡ってくる猛禽類も多く観察できる。秋になると、オオタカ、ノスリ、ケアシノスリ、チョウゲンボウ、ツミ、ハヤブサ、ミサゴ等々の猛禽類が加わり、賑やかな里山の秋空を楽しむことができる。しかしながらカノンの子育て期間中、カノンのなわ張りに侵入した猛禽類は1羽もいなかった。大型のケアシノスリでさえも、遠慮がちになわ張りの縁に沿って飛行するといったあり様だった。おそらく、クマタカは他の猛禽類も獲物として認識することがあるからなのだと思われる。定点観察期間中、観察地域一帯に独特の緊張感が漂っている日が何日かあったが、そういう日には必ずと言ってよいほど、カノンが飛翔していた。やはりカノンは王様だったのだ。

　ちなみに都城キャンパスの空にも、数種類の猛禽類が飛来しますよ。

参考文献

1）樋口広芳編：日本のタカ学　東京大学出版会（2013）
2）大田眞也：猛禽類探訪記世界の水田日　弦書房（2016）

第6章
アジアの今

中国雲南省の棚田群について

竹内　真一 (教授)

造園学分野　造園緑地専攻
緑地生態工学研究室

1. はじめに

　中華人民共和国の雲南省には梯田（棚田）が多く存在する。中でも大規模で有名な棚田は省南部の紅河南岸の元陽県にあり、省都昆明から334kmの距離にある。雲型定規のような一筆一筆の田んぼに張られた水が雄大かつ幻想的な景観を創出しているが、これらは全て人類の英知と努力および自然のメカニズムによるものである。森→村落→棚田→排水河川と続く一連の水利用システムは、自然を熟知した人々が作り上げてきた傑作である。なお、本文は、2006年10月に日中交流事業（農業水利分野）により現地へ渡航した際の紀行文（未発表）をベースに修正したものであるため、記載情報は当時のままである。

2. 棚田の構築

　元陽県には主にハニ族、イ族が多く住んでおり、紀元前200年ころからハニ族の祖先は長い移民生活の後に現在の場所に定住し、農耕生活を開始し、現在の棚田を作り始めたとされる。深い森林からの渓流は水資源が豊富なため、高位部からの流出量を最大限利用可能な容量の水路網が構築された。明王朝洪武帝の時代に組織化された棚田の開発・整備が進められ、棚田の面積は元陽県で既に10,000haに達していた。最大規模の棚田は3,000段にも及んでいた。

元陽棚田（森・村落・棚田）　　　　　棚田に設けられた水口と畦塗りの状況

　ハニ族の民族資料館には、棚田の造成方法が詳しく紹介されている。
①母岩を燃焼したのち水により急激に冷却し、生じた亀裂近傍を槌にて
段打する。②適度な大きさに粉砕して、造成部に運搬して畦畔の基礎と
して積み上げる。③泥と稲わらや雑草を材料に、積み上げた石の隙間を
充填し、さらに丁寧に畦塗りを行って、畦畔を完成する。④取水口や排
水口は、石を組み合わせた暗渠あるいは切欠きを設けて、導水・落水さ
せる。可能な限り水田面積と湛水深を確保するため、畦畔は狭小で高く
造られている。棚田は乾燥による畦畔の劣化を防ぐため、稲作期（5～
9月）以外も湛水されており、背後山地からの渓流は常に水田へと導か
れている。

3．元陽棚田の水収支について

　元陽棚田における水収支については具体的な数値が得られなかったた
め、水文素過程について他の事例を参考に考察を試みる。

　インドネシアジャワ島西部のチダナウ流域において、山地からの渓流
を6haの水田に直接導水し、田越し灌漑を行っている事例を調査した
結果（著者も参加）を、黒田正治氏らが科学にまとめている。すなわ
ち、「山地流域からの安定かつ確実な渓流取水が、水田灌漑のための用
水需要を充たしている。少雨期においても、水田における水収支は安定
しており、集水域である山地流域面積と受益水田面積のバランスが程よ

くとれている。灌漑システムは、操作・管理施設を有しない伝統的な灌漑システムであるにも拘らず、灌漑効率はかなり高く60％前後である。各水田ブロックの作付け時期をずらすことによって、特定の時期への用水利用の集中を避け、また、年間を通した労力需要の均等化が可能となっている。水収支に関する実数としては、蒸発散量が小雨期で5.0mm／d、平時で4.5mm／d、多雨期で4.0mm／dと算出されており、水田への取水量は水深換算で7.2～8.6mm、さらに鉛直浸透は透水係数が約10^{-6}cm／secであることから無視できるとされている。」

　上記の科学的知見を元陽棚田に置き換えて、考えてみよう。蒸発散量はPenman-Monteith式にて算出されるように、日射量・気温・湿度・風速の関数で推定することができる。元陽棚田の場合は斜面の谷部に展開しており、尾根部に遮られ日照時間が短くなることから比較的小さい。また、気温は年中安定しており、山間地で標高が高く、霧が発生することが多く湿度も高い。このため蒸発散量は、比較的小さく、最大3mm／d、平均2～2.5mm／dであると推定できる。鉛直浸透量は、傾斜地水田として滞留時間が短いため、無視できるほど小さいものであると考えられる。我々が訪問した籌口村においては、村落の標高が1,600m地点であり、山頂は2,200mであることから、村落より上部の水源林は600mの標高差に分布する。前出のチダナウ流域の調査水田では、6haの水田に対して180haの集水域があり、少雨期の好天日においても基底流量に相当する日量680～690㎥程度の水が安定的に流出している。このことは水田面積に対して水源林が30倍の大きさであることが、流量制御機構を持たない自然流入型の伝統的な灌漑システムの合理性を保証するものであるといえる。さらに、フィリピン・イフガオ水田では、水源林の面積は水田面積の3倍となっている。元陽県においては、厳密には水田とその集水域の森林面積の値ではないが、聞き取りによると水田（棚田）面積が19.8万ムー、森林面積が42万ムーで、両者の比率は約1：2となり、インドネシア・チダナウ流域水田群およびイフガオ棚田

に比べて用水負荷の高い状況にあるとも判断される。元陽棚田の降水量はかなり多いことが予想される。さらに、水源林における霧の捕捉も大きな水量を生み出していると考えられる。水源林は雨を捕捉し、土壌に保留する涵養林としての役割も大きいが、現地は霧が多いことからフォグトラップ（樹雨）としての機能も大きいと考えられる。フォグトラップは南米のペルーやチリで実用化されている手法で、山岳部に発生する霧の流れ道にナイロン製のメッシュ状でできた立て看板を配置し、メッシュ部分に付着する霧を樋で集めることにより利用される。1日の集水量は2〜8mmに達するほど大きい。熊野地方の大台ヶ原で綿密に調査された樹雨の観測結果がある。樹雨とは濃霧が森林を流れていくときに、雲粒が樹木の木の葉に捉えられ、風に吹き落とされて大粒の雨となって降る現象を示す。通常の雨量計では観測されないが、林内雨の1種であり、通常の降雨時と同じように樹冠遮断も生じている。広葉樹・針葉樹の混交林において、林外雨量の30%に相当する樹雨の観測結果が得られている。樹雨の発生条件としては、風速が10m/s以上であれば、水蒸気圧が5hPa程度以上でかなりの高確率で発生する。風速が10m/s未満であれば、水蒸気圧が10〜20hPa程度で樹雨が発生するが、同様の条件で発生しない場合もあるとの報告もある。

　元陽の棚田地区においては、詳細な測定が現地政府と研究者により開始されたところであり、上述のような詳細な水文素過程の解明が期待されるところである。

4．棚田地区の水利状況

　斜面に無数の水路が張り巡らされ、幹線的な水路は4,653本に数えられる。そのうち50ムー以上の水田面積を灌漑する大規模な用水路は662本に上る。地区内には大規模・中規模のダムは構築されていないが、小規模の貯水池は水田群の上位部に配置されており、水源調節機能のほか、他の用途もあるように見受けられた。渓流を流下する水は石積みの

木製の分水器

　堰を介して用水路に導かれ、水田群の開始地点において、分水工を経て水田群を田越し方式にて流下される系統と離れた水田群まで用水路を搬送される系統に分けられる。分水工（分水器）は木製の堰の上面に目盛りを刻み（概ね指四本の幅で一"口"と呼ぶ）、大小の切り欠きを設けた形状をしており、越流水は分水地点にて灌漑面積比に応じて流量を有効に分配する。勝村、保山寨など多くの村落では、今でも原始的な分水システムが現役で活躍している。近年ではコンクリート製の分水器も普及している。

　前世紀50年代以前、用水路等の灌漑システムの整備は、地主の出資、集団の合資、あるいは個人出資によって行われた。施設が完備された後は合理的な水分配に注意が払われ、水の使用費を受益者は納めることが義務付けられた。今日、水路の所有権は過去の土司所有あるいは私有から公有（集団有）に移ったが、現在も水路沿線各地区の用水量に応じて配水がなされ、管理者の許可を得ずに水田に引水することは処罰の対象となる。一方、水路の管理については、厳格な制度が運用されてきた。過去には水路管理者は単一あるいは複数の村落単位で水路の"溝長"が選出され、溝長は自分の管轄内用水路の通水確保に留意し、民衆を組織して定期的な修繕を行い、同時に配水及び灌漑の管理を行っていた。溝長は農民に対し使用水量に応じて水費を徴収した。前世紀50年代以後

は、各地域で国家管理による水利管理機構が設立され、水路の管理も統一管理に組み入れられた。農民は自ら溝長あるいは水路の管理人を選出し、比較的規模の大きな水路については、郷政府水利管理部門が担当者を派遣して管理を行っている。

5. 棚田灌漑地区の水資源保護と持続可能な利用

　水は元陽棚田の命脈であり、水管理及び水資源の合理的、有効、かつ持続可能な利用は、灌漑地区全体のシステムにおいて極めて重要な役割を担っている。近年、県委員会・政府は、退耕還林、水利施設の建設・改修、生態系改善等の各種施策を講じ、水資源の保護に努めてきた。森林は灌漑地区の最も重要な水源地であり、森林を保護することは水源を保護することでもある。灌漑地区内の民衆はこの点を早くから深く認識しており、どの民族も厳格に村寨森林を保護し、荒廃防止を目的とした村落規約及び制度を有している。水源を保護するため、各集落が建設される際に、村民は保全あるいは植樹によりご神木を定め、あわせて周囲の山を神山とし、何人たりとも何時たりとも伐採は禁じられている。村人は１本の木を伐採した場合、３本を植樹しなければならないというルールを厳格に守っている。
　さらに、地元政府は以下の４点を重要課題として挙げている。
　①　灌漑区における各民族固有の伝統的な水文化を伝承すること
　②　灌漑区の生態システムの保護
　③　開発・経済発展と水環境の保護のバランス
　④　垷地の人々の自発的な発展能力の醸成と水環境の創造

　元陽地区の住民の生活利便性の向上・経済発展を達成しながら、永続的に棚田農業を維持する方策について、様々な側面からアプローチしていくことの重要性を意識した。欧米の研究者が元陽の棚田を調査研究に着手しているということを耳にして、水田農業の利点が幅広く紹介され

150

ることへの期待感とともに、焦りを感じたのは私だけであろうか。

参考文献

1）黒田正治・福田哲郎：伝統的水田稲作の合理性　岩波書店　科学7（2003）pp.791-796.
2）田淵俊雄：世界の水田日本の水田（1999）pp.105-109.
3）池淵周一・富田邦裕・友村光秀：大台ケ原における樹雨観測と量的評価　水文・水資源学会誌（1996）Vol.9（No.6）pp.534-541.

韓国学校給食の現状と地場産食材利用促進

姜　暻求（教授）

園芸学分野　園芸生産環境専攻
農産物貿易研究室

1．はじめに

　日本フードサービス協会の推計によると2015年学校給食市場規模は5,100億円で、外食・調理食品産業31兆7,900億円の1.6％を占めている。文部科学省の平成27年度学校給食栄養報告によれば、2015年学校給食における国産食材使用率は77.7％で、地場産のそれは26.9％である。宮崎県は2017年改正「宮崎県食育・地産地消推進計画」で2014年学校給食地場産食材率32.0％を、2020年50.0％へアップすることを目標にしている。また、農林水産省も学校給食の地場産食材利用拡大に向けて、「6次産業化ネットワーク活動交付金」による支援をおこなっている。家庭外食品消費（Consumption of Food-Away-from-Home）が進む中で、家庭外食品市場に占めるウェイトは小さいものの、学校給食が地産地消の拡大と食育の実践手段として果たす役割への期待が高まっている。

　では、「身土不二」「医食同源」の考えが強く、しかも食料生産基盤と消費形態が日本と類似している韓国における学校給食の現状と地場食材利用促進への取り組みの実態はどうなっているのであろうか。以下では、韓国における学校給食の始まりから現在に至る展開過程とともに、地場産食材をより多く使用するための試みについて簡単に紹介し、日本の学校給食における地場産食材利用促進に参考資料を提供したい。

2．韓国学校給食の現状

　日本の学校給食は、1889年山形県鶴岡市の私立忠愛小学校が貧困児童を対象に無償で実施したことに始まる。その後、1946年に文部・厚生・農林三省次官通達「学校給食実施の普及奨励について」が発せられ、戦後の学校給食方針が定まり、1954年「学校給食法」が制定され、学校給食の実施体制が法的に整った。

　韓国の学校給食は、朝鮮戦争（Korean War）が休戦した1953年に始まる。カナダ政府が、食糧不足で飢えに苦しむ児童のために脱脂粉乳14万ポンド（63.5トン）を支援し、全国の小学生への配給が開始された。その後、約20年間UNICEF（United Nations Children's Fund）、CARE（The Cooperative for Assistance and Relief Everywhere）、USAID（United States Agency for International Development）などから粉乳、小麦粉、トウモロコシ粉の援助を受け、パンと水に溶かした脱脂乳脂乳が学校給食に提供された。その間、経済発展とともに外国からの援助が途絶えても、USAIDとの協定によってパン給食は続いたが、1973年頃からパン給食ベースを続けながら多様なメニューを模索し始めた。パン給食ベースに大きな転機が訪れたのは1977年である。この年の9月にソウル市内の学校給食で未曾有の食中毒が発生した。翌年にパン給食が全面的に廃止され、その後は校内での調理が普遍的な給食パターンとして定着した。

　一方、学校給食に関する法律の整備も進んだ。1967年制定された「学校保健法」に「小学校の児童には文教部令に基づいて学校給食を実施する」という条項が盛り込まれ、初めて法的根拠ができた。1977年には「学校給食規則」が公布され、給食の種類を「保護給食（無償）・一般給食（有償）・モデル校給食」、「完全給食・補助給食」に分けて実施するようになった。しかし、学校給食が法的に自立したのは1981年制定の「学校給食法」である。学校給食法は給食実施校に対する設備と給食専

表1　2015年韓国学校給食実施状況

学校区分	実施校数	実施学生数		直営校数
		実数（千名）	実施率（％）	
小学校	5,978	2,731	99.9	5,977
中学校	3,208	1,589	99.9	3,182
高等学校	2,344	1,806	99.6	2,131
特殊学校	168	25	99.2	166
合計	11,698	6,151	99.9	11,456
予算及び支出 合計 563,4百億 ウォン	負担率（％）			
	中央政府	自治体	保護者	その他基金
	48.0	18.6	30.8	2.6
	費用構成比（％）			
	設備費	食材費	運営費（人件費）	
	3.9	56.6	39.5（32.7％）	
人員配置 合計72,827名	栄養教師	栄養士	調理師	調理員
	4,825	5,150	10,228	52,624

資料：教育部http://www.moe.go.kr　2015学校給食現況

任教職員配置を規定し、中央政府及び地方自治体の支援も可能にした。主な学校給食法の制定・改正は次の通りである。

① 1981年制定：実施対象校は小学校と勤労青少年の特別学級。

② 1996年改正：委託給食の許可。

③ 1999年改正：実施対象校を中学校・高校へ拡大。教育委員会の支援要請に対する自治体の支援を義務化。

④ 2006年改正：初中等教育に健康管理と食習慣を担当する学校給食専任教員を配置。

⑤ 2007年改正：自治団体に「学校給食委員会（給食支援の審議）」設置の義務化。「学校給食支援センター（優良食材の供給支援）」設置の規定。学校給食に使われる食材の品質管理基準規定。食材の選定・検査・購買業務を原則委託禁止。

⑥ 2009年改正：食材の原産地表示に対する罰則を強化。

2015年現在、全ての小中高及び特殊学校、小学校付設幼稚園が学校給食を実施している（表1参照）。運営方式は学校給食委員会の監督を

表2　韓国学校給食の食材調達方式

購入方式	支援センター		GtoB		一括契約	
	共同購入	単独購入	共同購入	単独購入	共同購入	単独購入
学校比率（%）	1.6	5	10	41.3	5.3	36.6

資料：教育科学部「学校食材料の購入方法改善方案」2010

受けながら各学校の給食運営委員会が直接運営する方式（2015年全校の97.9%、うち単独調理77.1%）と外部の事業者に委託する方式がある。予算は行政の補助金が多く、保護者の負担は30.8%である。学生１人当たり年間予算は小学校86.4万ウォン、中学校83.3万ウォン、高校105.4万ウォン、特殊学校177.2万ウォンである。費用は食材費が56.6%、人件費が32.7%を占めている。

　食材の供給は学校給食運営委員会の入札に事業者が応札し、直接納品する方式（一般契約）、学校給食支援センター（支援センター）が学校給食運営委員会に納品する方式、農水産物流通公社が運営するサイバー取引所を通じて学校が購入する方式（Government to Business）がある。地場産食材利用の促進は、支援センター経由方式が中心となっている。支援センターは2013年現在36カ所があり、自治体が直接運営するか、農協などの法人に委託運営している（農業協同組合系23カ所）。また、支援センターは約一千校をカバーする大規模のものから、十数校をカバーする小規模のものまで、大小様々である。しかし支援センターは、日本の学校給食会とは異なり、独自の食材開発はせず、物流機能（分類・在庫管理・小包装）のみを担っている。

　上述の３つの方式で学校側が食材を購入する際、幾つかの学校による共同で購入、または単独での購入を行なっている。これに関する各年の時系列データを取っていないため、2010年「教育科学部調査」を見ると、ほとんどの学校が単独で購入している（表２参照）。食材の使用量についても全国的なデータは取られていないが、イム・ソンキュウほかは年間農産物（畜産物と水産物は含まない）使用量を13.1万と推計

している。また、農水産物流通公社の内部資料によれば、金額ベースで穀物類13.2％、野菜類19.5％、果実類3.7％、畜産物31.4％、水産物14.0％、加工品及びその他17.9％となっている。

3．地場食材利用促進への取り組み

地場産食材の利用促進は、食材調達方式と地方自治体の学校給食条例が深く関わっている。農協または農民組織による法人が運営している支援センターは親環境農産物（Environment-Friendly Agricultural Products 有機及び無農薬・低農薬農産物）を中心に供給している。その上、支援センターを経由して供給される親環境農産物に対して、自治体が一般農産物との差額を補填する。また、ソウル市や京畿道（イム・ソンキュウほかは両地域の全国供給量シェアを42.3％と推計している）は、優良食材の安定的な供給を確保するために、支援センターと生産者による契約栽培を実施している。

このように、地場産優良食材を学校給食に有利な条件で供給できるのは、地方自治体の「学校給食条例」があるからである。ファン・ユンゼほかの調査によれば、2012年現在16広域自治体（都道府県に該当する）の全てと基礎自治体（地方自治体に該当する）218が学校給食条例を制定している。制定していない地方自治体は10に過ぎない。

地方自治体の条例は食材に対する規定を設けている。地方自治体の条例は広域自治体の条例に準じているので、広域自治体の条例内容を見てみよう。全ての広域自治体条例が親環境農産物を優先的に使うことを定めている。また、一部の広域自治体を除いてGAP農産物の優先的使用を定めている。畜産物に対してはHACCP処理、品質が認証された一定等級以上を使うことを義務付けている。加工食品についてはNon-GMO原料使用を、水産物はHACCPを要求している。トレーサビリティーや規格認定を要求する広域自治体はそれほど多くない。食材別条例を設けている広域自治体の割合をまとめると、以下の通りである（条例の有る

広域自治体数）。

① 農産物：親環境農産物（16）、GAP（9）、品質認証（12）、トレーサビリティー（5）、地域特産物（5）、規格認証（4）。

② 畜産物：HACCP（13）、一定等級以上（15）、トレーサビリティー（1）、品質認証（15）。

③ 水産物：規格認証（4）、伝統食品認証（8）、HACCP（6）。

④ 加工食品：規格認証（4）、原料Non-GMO（14）、トレーサビリティー（7）。

広域自治体の「学校給食条例」で規定している事項のうち、地場産食材利用促進に影響する最も重要なことは、親環境農産物とGAP農産物の優先使用規定であろう。地域で親環境農産物とGAP農産物の生産が増えれば、条例によって多くの地場産親環境農産物とGAP農産物が使われ、地場産利用が促進される。鍵は親環境農産物とGAP農産物の生産動向にある。親環境農産物は堅調な増加傾向を見せてきたが、2009年235.7万トン（有機10.8万、無農薬88万、低農薬136.9万）をピークに、2015年には57.7万トン（有機9.4万、無農薬36.6万、低農薬11.7万）へと急減している。他方、GAP農産物は着実に増加している（2009年40.1千haから2016年88.9千haへ増加）。中央政府の政策も親環境及びGAP農産物の生産拡大にあるため、これらの農産物を中心に地場産食材利用促進が展開されるだろう。キム・キヒョンほかの調査によれば、ほとんどの基礎自治体も親環境及びGAP農産物への取り組みを支援している。

4．まとめ

韓国の学校給食はアメリカ及び国際団体により開始された。その影響により、当初はパン給食がベースであったが、事故によるパン給食廃止を契機として、現在の普遍的パターンである学校での調理・給食が定着した。

　また、韓国の学校給食は日本とは異なり、高校段階まで実施されている。実際、幼稚園児から高校生までの児童・生徒が学校給食を受けている。保護者の費用負担を約30％にしているものの、人件費の高騰による給食単価上昇と、それに伴う食事の質低下を保護者は懸念している。中央政府の支援が最も多いとはいえ、地方自治体の条例による支援とコントロールが重要であることから、地方自治体の首長及び議員選挙で「学校給食の全額無償化」が政策のイシューとなる。家庭で朝食を食べずに登校する学生や放課後塾へ行く学生が増えたため「朝食と夕食も給食にしよう」という声も強くなっている。これに対し「家族が食を共にするという家庭の根幹を揺すぶりかねない」と反対する意見も根強い。

　より安全で良い食べ物を食べさせたいと願う「保護者」、より多くの地域農産物を消費させようと計画する「地方自治体」、より付加価値の高い農産物を生産して利益を上げたいと思う「農業者」を繋ぐシステムが「地方自治体の給食条例―学校給食支援センター―親環境及びGAP農産物」である。韓国は今まさに、このシステム作りに向けた取り組みを強化している。このシステムが学校給食における地場産食材利用を促進するだろう。

参考文献

1）ヤン・スキョンほか：韓国・OECD国の学校給食現状分析　KOREAN EDUCATIONAL DEVELOPMENT INSTITUTE　CR2010-19（2010）pp.44-104

2）ファン・ユンゼほか：学校給食の親環境農産物安全性管理方案　KOREA RURAL ECONOMIC INSTITUTE　C2012-21（2012）pp.7-109

3）イム・ソンキュウほか：地域優良食材の学校給食サプライチェーンマネジメント開発研究　RANET地域農業ネットワーク　農林水産食品部研究報告書（2010）pp.19-160

4）キム・キヒョンほか：ローカルフード流通システム構築－ソサン市学校給食支援センター運営計画－　RANET地域農業ネットワーク　ソサン市研究報告書（2014）pp.2-90

●筆者プロフィール ────────────────────────────────

岡島　直方（おかじま　なおかた）

最終学歴：千葉大学大学院自然科学研究科博士課程修了（1997）
取得学位：博士（学術）
所　　属：環境園芸学部　環境園芸学科　造園学分野　造園緑地専攻
職　　位：准教授
研究室名：緑地環境情報学研究室
専門分野：造園学
研究テーマ：緑地環境と人との関わりに関する研究

川信　修治（かわのぶ　しゅうじ）

最終学歴：熊本県立大学大学院環境共生学研究科後期博士課程修了（2011.3）
取得学位：博士（環境共生学）
所　　属：環境園芸学部　環境園芸学科　園芸学分野　園芸生産環境専攻
職　　位：教授
研究室名：蔬菜園芸学研究室
専門分野：園芸学
研究テーマ：果菜類の果実成分に与える季節的環境要因の影響について

姜　　暚求（かん　きょんく）

最終学歴：北海道大学大学院農学研究科
取得学位：博士（農学）
所　　属：環境園芸学部　環境園芸学科　園芸学分野　園芸生産環境専攻
職　　位：教授
研究室名：農産物貿易研究室
専門分野：農業経済学
研究テーマ：日中韓の農産物貿易および農産物流通の比較分析、中国農業発展

菅野　善明（かんの　よしあき）

最終学歴：岩手大学連合大学院農学研究科博士課程修了（1994.3）
取得学位：博士（農学）
所　　属：環境園芸学部　環境園芸学科　園芸学分野　植物バイオ・育種専攻
職　　位：教授
研究室名：植物病理学研究室
専門分野：植物病理学
研究テーマ：園芸植物における病原体の同定・診断・防除

北村　泰一（きたむら　ひろかず）

最終学歴：北海道大学農学部
取得学位：農学博士
所　　属：環境園芸学部　環境園芸学科　自然環境分野　自然環境専攻
職　　位：教授
研究室名：緑地保全学研究室
専門分野：農学・林学関係・森林科学
研究テーマ：渓流・森林・各種水辺環境の生態系の解明、保全・修復

新谷　喜紀（しんたに　よしのり）　編集委員

最終学歴：東京大学大学院農学生命科学研究科博士課程修了（1997.3）
取得学位：博士（農学）
所　　属：環境園芸学部　環境園芸学科　自然環境分野　自然環境専攻
職　　位：教授
研究室名：昆虫生態学研究室
専門分野：昆虫学
研究テーマ：天敵昆虫の生態、昆虫の環境適応能力、動物の表現型可塑性、昆虫
　　　　　　の生活史、昆虫の性比異常現象、昆虫の変態の分子生物学

杉田　亘 (すぎた　とおる)

最終学歴：鹿児島大学農学部農学研究科修士課程修了（1995.3）
取得学位：博士（農学）鹿児島大学（2007.3）
所　　属：環境園芸学部　環境園芸学科　園芸学分野　植物バイオ・育種専攻
職　　位：講師
研究室名：園芸育種学研究室
専門分野：園芸学
研究テーマ：バイオテクノロジー技術を用いた園芸作物新品種の開発、遺伝様式
　　　　　　の解明

関西　剛康 (せきにし　たかやす) 編集委員長

最終学歴：大阪芸術大学大学院芸術文化研究科芸術文化学専攻博士課程後期修
　　　　　　了（1999.3）
取得学位：博士（芸術文化学）
所　　属：環境園芸学部　環境園芸学科　造園学分野　造園緑地専攻
職　　位：教授/環境園芸学科長
研究室名：造園計画研究室
専門分野：造園学
研究テーマ：近代ランドスケーププラン＆デザインの構築に関する実践研究、宮
　　　　　　崎県域の都市緑地環境の形成に関する調査研究、日本中世における
　　　　　　日本庭園の成立背景に関する文献研究

竹内　真一 (たけうち　しんいち) 編集委員

最終学歴：鳥取大学連合大学院農学研究科博士課程修了（1999.3）
取得学位：博士（農学）
所　　属：環境園芸学部　環境園芸学科　造園学分野　造園緑地専攻
職　　位：教授
研究室名：緑地生態工学研究室
専門分野：造園学・農業土木学
研究テーマ：植物体内の水移動計測技術の確立・応用、造園作業に対する植物反
　　　　　　応の定量的解析手法の検討、環境緑化技術に関する研究

陳　　蘭庄 (ちん　らんそう)

最終学歴：鹿児島大学連合大学院農学研究科博士課程修了（1992.3）
取得学位：博士（農学）
所　　属：環境園芸学部　環境園芸学科　園芸学分野　植物バイオ・育種専攻
職　　位：教授/大学院研究科長
研究室名：生物工学研究室
専門分野：園芸学
研究テーマ：アポミクシスに関する研究、園芸植物に関する栽培・育種学的研究

長江　　嗣朗 (ながえ　しろう)

最終学歴：愛媛大学大学院連合農学研究科博士課程修了（1996.8）
取得学位：博士（農学）
所　　属：環境園芸学部　環境園芸学科　園芸学分野　園芸生産環境専攻
職　　位：准教授
研究室名：花卉園芸学研究室
専門分野：園芸学
研究テーマ：切り花および鉢花の鮮度保持について、絶滅危惧植物の繁殖および
　　　　　　保護、花卉の効率的種苗生産

林　　典生 (はやし　のりお)

最終学歴：大阪府立大学大学院農学生命科学研究科農学環境科学専攻博士後期
　　　　　　課程修了（2005.3）
取得学位：博士（学術）
所　　属：環境園芸学部　環境園芸学科　造園学分野　花・ガーデニング専攻
職　　位：准教授
研究室名：社会園芸研究室
専門分野：生物環境工学・社会福祉
研究テーマ：医療・福祉・生涯学習分野におけるガーデニング活動実践研究

日高　　英二 (ひだか　えいじ) 編集委員

最終学歴：宮崎大学農学部林学科
取得学位：学士
所　　属：環境園芸学部　環境園芸学科　自然環境分野　自然環境専攻
職　　位：准教授
研究室名：植栽環境研究室
専門分野：造園学
研究テーマ：植栽環境と樹木の生育の関係

平岡　直樹 （ひらおか　なおき）

最終学歴：岐阜大学大学院連合農学研究科博士課程（信州大学所属）修了
　　　　　（2000.3）
取得学位：博士（農学）
所　　属：環境園芸学部　環境園芸学科　造園学分野　造園緑地専攻
職　　位：教授
研究室名：地域景観学研究室
専門分野：造園学
研究テーマ：整形式庭園の視覚効果の創造技術、欧州の都市緑地計画史、地域景
　　　　　観の変遷

廣瀬　大介 （ひろせ　だいすけ）

最終学歴：神戸大学大学院自然科学研究科博士課程修了（1994.3）
取得学位：博士（農学）
所　　属：環境園芸学部　環境園芸学科　園芸学分野　園芸生産環境専攻
職　　位：教授/フィールドセンター長
研究室名：資源植物生産学研究室
専門分野：農学
研究テーマ：種々な環境条件下における作物根系の構造と分布様相の解明

前田　隆昭 （まえだ　たかあき）編集委員

最終学歴：琉球大学農学部農学科、近畿大学論博 (2011.9)
取得学位：博士（農学）
所　　属：環境園芸学部　環境園芸学科　園芸学分野　園芸生産環境専攻
職　　位：准教授
研究室名：果樹園芸学研究室
専門分野：園芸学
研究テーマ：熱帯果樹類の遺伝資源の収集・保存、地域特産果樹の探索

牧田　直子（まきた　なおこ）

　　最終学歴：東京農業大学大学院農学研究科造園学専攻
　　取得学位：修士（造園学）
　　所　　属：環境園芸学部　環境園芸学科　造園学分野　花・ガーデニング専攻
　　職　　位：講師
　　研究室名：庭園デザイン学研究室
　　専門分野：庭園学
　　研究テーマ：海外の日本庭園、公開日本庭園の持続可能なマネジメント手法
　　　　　　　　現代人における生活環境と庭の関係性、庭園デザインの開発

山口　健一（やまぐち　けんいち）編集委員

　　最終学歴：千葉大学大学院園芸学研究科〈環境緑地学・修士課程修了〉
　　取得学位：博士（農学）千葉大学（1998）
　　所　　属：環境園芸学部　環境園芸学科　園芸学分野　園芸生産環境専攻
　　職　　位：教授/環境園芸学部長
　　研究室名：環境保全園芸学研究室
　　専門分野：園芸学、植物保護・防疫学
　　研究テーマ：生物機能を利用した植物栽培環境の保全

山口　雅篤（やまぐち　まさあつ）

　　最終学歴：宮崎大学教育学部（1976.3）
　　取得学位：博士（農学）九州大学（1988.4）
　　所　　属：環境園芸学部　環境園芸学科　園芸学分野　植物バイオ・育種専攻
　　職　　位：教授
　　研究室名：植物資源利用研室
　　専門分野：園芸学
　　研究テーマ：植物における色の発現機構の解明、植物の抗酸化成分の検索

あとがき

環境園芸学部
環境園芸学科長・教授

関 西 剛 康

　南九州大学創立以来の園芸と造園の伝統を継承しながら、環境園芸学部環境園芸学科は、環境科学を中心に据えて、人間と自然との調和を共通認識とし、環境に負荷をかけないで持続できる循環型社会の実現に向け、長年自然をみつめた研究教育活動を行ってきた。この自然科学と社会科学の基礎と応用の研究、そしてこれらの研究に基づく実学を重んじた教育による人材の育成により、これまで幾分か社会に貢献してきたと自負している。

　本書の『環境園芸学部論集』は、この南九州大学創立50周年を機に、平成29年度（2017年度）現在、環境園芸学部環境園芸学科に在籍する教員19名全員が筆者となり、50年の伝統ある園芸学分野・造園学分野・自然環境分野の各専門性を活かした研究教育の成果の一部を、若い読者にも分かり易く魅力が伝わるよう執筆した結果、23編の力作となった。

　第1章「花・果実・野菜」は、カーネーションの花色の仕組みの解明、花卉の鉢物栽培とその観賞に関する特性、日本で露地植えしたマカデミア栽培の特性とその可能性、カプシカム属の特にピーマンにおける病虫害抵抗性台木用品種の開発、イチゴの成熟期間とアントシアニン及びビタミンCの含有量との関連性、宮崎在来野菜の佐土原ナス・日向カボチャ・糸巻き大根の品種改良についての研究成果や概論の6編である。

　第2章「マクロからミクロへ」は、屋上庭園を利用した園芸療法の効果、園芸療法活動の効果的時間、作物の根系形態と機能ならびに調査方法、環境保全に立脚したバイオコントロールによる雑草制御法、見える化による植物ウイルスの特定と診断についての研究成果と概論の5編であ

る。

　第3章「お庭の観賞」は、福岡県柳川市のクリークの水を利用した庭園群にみる樹木特性、近代から現代へと雑木の庭の成立過程の解明、世界に広がった日本庭園の作庭背景と今後についての研究成果の3編である。

　第4章「造園技術と教育」は、庭園を通じた実学教育の国際化、21世紀初頭の英国に影響を与える日本の庭園技術、350年前のフランス式庭園の卓越した景観構成技術についての研究教育成果と概論の3編である。

　第5章「自然のなかの生物」は、昆虫の生活史研究の醍醐味と展望、ハンモンヨトウの性比異常の発見、温暖化によって侵入したキオビエダシャクの生活史調節機構の不適合、都市近郊の里山に棲息するクマタカの生態についての研究成果と概論の4編である。

　第6章「アジアの今」は、中国雲南省の棚田における水収支や水利システム等の解明、韓国における学校給食の現状と地場食材利用の促進についての研究成果と概論の2編である。

　これら23編から、環境園芸学部環境園芸学科の学問領域の広さを再び認知するとともに、また自然科学と社会科学に対する探究心と敬愛心が読み取れてとても興味深く、そして情熱を感じる論集として完成した。

　この半世紀には、日本社会は高度成長期からの好景気はバブルとなって弾け、少子高齢化が進捗するなかで、グローバル化と国際化へと舵を切りつつ、持続可能な成熟社会の構築を始めた。また自然環境は、地球温暖化による気温の上昇、その影響による記録的な豪雨に象徴される異常気象や外来生物の侵入が日本各地に発生し始めた。このような我々を取り巻く社会の変動や要望に対し、環境園芸学部環境園芸学科の研究教育活動がその一助となるよう、今以上に精進したいと心から考える次第である。

　末筆となったが、出版にあたっては、とりわけお世話になった鉱脈社の今別府久子氏に御礼を申し上げ、ここにむすびとしたい。

　　平成29年（2017年）10月

南九州大学創立50周年記念　環境園芸学部論集

自然をみつめて

2017年10月24日初版印刷
2017年10月31日初版発行

編　著　南九州大学環境園芸学部

発行者　川口敦己

発行所　鉱　脈　社
〒880-8551　宮崎市田代町263番地
☎0985-25-1758
郵便為替02070-7-2367

印刷・製本　有限会社 鉱脈社